二十四节气

我们的

刘森君 题

高长青 编著

中国经济出版社
CHINA ECONOMIC PUBLISHING HOUSE
·北京·

图书在版编目（CIP）数据

我们的二十四节气 / 高长青编著 . — 北京：中国
经济出版社，2024.1
ISBN 978-7-5136-7603-8

Ⅰ.①我… Ⅱ.①高… Ⅲ.①二十四节气—通俗读物
Ⅳ.① P462-49

中国国家版本馆 CIP 数据核字 (2023) 第 241474 号

策划编辑　龚风光　张娟娟
特邀策划　时间玫瑰
责任编辑　张娟娟
责任印制　马小宾
封面设计　好书坊

出版发行　中国经济出版社
印 刷 者　北京艾普海德印刷有限公司
经 销 者　各地新华书店
开　　本　710mm×1000mm　1/16
印　　张　16.75
字　　数　244 千字
版　　次　2024 年 1 月第 1 版
印　　次　2024 年 1 月第 1 次
定　　价　58.00 元
广告经营许可证　京西工商广字第 8179 号

中国经济出版社 网址 www.econmyph.com 社址 北京市东城区安定门外大街 58 号 邮编 100011
本版图书如存在印装质量问题，请与本社销售中心联系调换（联系电话：010-57512564）

我没有写过序，怎奈非常荣幸地收到了潍坊市音乐家协会的负责同志和高长青同志的热情邀约，同时在阅读书稿之后，我深刻地感受到，该书的内容是如此之丰富，特别是歌词，有风格、有情怀、接地气，很受触动，于是答应下来写序，给大家推荐这本书，也向高长青同志致敬。

习近平总书记在文化传承发展座谈会上指出，"要坚定文化自信、担当使命、奋发有为，共同努力创造属于我们这个时代的新文化，建设中华民族现代文明"。这本书可以说是一次很好的响应总书记要求的艺术实践。作者历时一年，收集整理了大量关于二十四节气的资料，涵盖古诗、民间谚语和节气习俗等。在此基础上，作者发思古之幽情，抒今日之情怀，原创每一个节气的歌词，联合潍坊籍青年作曲家刁勇先生谱曲，把二十四节气这一中国时间在新时代进行表达，从而使本书成为一部精美的艺术作品，热乎乎、沉甸甸地呈现给大家。

看着这些鲜活的词曲，我觉得它们具有以下特点。一是紧扣作品主题。作者将每一个节气的物候特征和传统人文特征进行归纳提炼，并由此提炼出歌词的立意，较为准确地紧扣了每一个节气的主题。这一点说起来简单，其实并不容易做到。歌曲创作首先要清楚歌曲的用途和受众需求，从而保证创作不偏题、不跑题，准确到位。二是形式灵活，接地气。这二十五首作品的歌词，在古风的整体风格中融入现代语言体系，风格白而不白，满而不满，雅俗相间，从而使整部作品张弛有度，充满质感。三是灵动纯粹。词坛泰斗乔羽先生说过，创作，除了生活体验、创作技巧，最重要的还是心灵。音乐是感性的，需要情感的共鸣。我想，这部组歌向我们展示了高长青同志对自然风物、日月山川的审美感受和对当代生活的深刻感悟，他的那种温暖、细腻和昂扬向上的生活情怀就像一股涓涓溪流，让我们从中得到审美的愉悦感和对生活的启发，这就是音乐作品的力量吧。曲作者刁勇先生是我们比较熟悉的一位青年作曲家，近年来在山东作曲界非常活跃，有情怀、有担当，他的谱曲温暖厚重，很好地契合了二十四节气的主题风格。

看着这套芬芳的书稿，听着高长青同志娓娓道来的创作介绍，我从文艺创作的角度感悟到两点。一是勤奋的力量。道虽远，行则将至。二十四节气是一个弘扬中国传统文化的重大创作题材，我曾经在几年前考虑过这个题材的创作，但想到这样一个浩大的工程不知怎么下手，就放弃了。高长青同志却耗费了极大的心力、脑力、笔力、眼力，去一步一步践行这件事情，直至凝聚成这样一个成果，令人佩服，值得学习，这何尝不是文艺工作者的表率？二是生活的厚度。听高长青同志介绍，他从事歌曲创作的时间并不算长，我很惊讶于他将作品写得如此老到。在细细琢磨和了解之后，我想这大概是他在有着深厚传统文化积淀的基础上，深入体验生活的结果吧。一年的时间，每到一个节气就写相关节气的作品，与节气同步，与生活同步，与时代同步，静心耕耘，才有了花开。这和习近平总书记提出的"潜心耕耘、静心创作"的要求不谋而合。有些同志指出，作为组歌，该作品存在曲式结构相对单一的情况，在民族调式方面，可以根据节气的变化运用得更加丰富。以我个人的理解，作为组歌，该作品就是以二十四节气为主题的一组原创歌曲，或者说，它的主要用途不是作为一部完整的套曲作品在音乐厅整体呈现，而更像是一部结合书中其他资料让读者学习体验传统文化的学堂乐歌。

"一分耕耘，一分收获，忙的是辛苦，种的是人生。"借用高长青同志的词句，我郑重地向大家推荐这本书，希望能够对大家深入学习了解二十四节气有所帮助。也衷心地祝福各位读者沁润于中国的传统文化中，共情于中国时间的悠扬歌声中，"万物随喜，万物心安，知足感恩，幸运常相伴"。

武洪昌于 2023 年小暑

（山东省音乐家协会常务副主席）

第 24 届奥林匹克冬季运动会，即 2022 年北京冬奥会开幕式于 2022 年 2 月 4 日晚在国家体育场——"鸟巢"盛大举行。当日，恰逢中国二十四节气中的"立春"，开幕式倒计时以二十四节气的方式呈现，从"雨水"开始，到"立春"落定，美轮美奂、惊艳世人。其创意、呈现方式深度融合了中国传统文化，向全世界展示了"中国式浪漫"。

在感慨、感叹之余，我的脑海里闪现出"以二十四节气为题，创作《二十四节气组歌》"的念头。我经过深思熟虑，向我的合作伙伴作曲家刁勇先生提出了这个想法，我俩一拍即合。刁先生还提议，在歌词创作过程中，收集相关参考资料时，顺便根据二十四节气的物候特征，风俗习惯，饮食起居，以及与其相关的古代诗词、谚语俗语等进行分项分类整理，汇集成一整套综合资料，具备条件后可以配合创作完成的歌词、曲谱结集出版，作为一个认识、欣赏二十四节气历史文化，传承、传播中国传统文化的媒介，将会更有意义、更具价值。

于我而言，这将是一个极富考验、充满挑战，而又十分"浩大"的工程。虽然有一定的心理准备，但是真正实施起来，深感现实比理想要"骨感"得多。我给自己限定了一个时间底线，那就是歌词写作要跟上节气变换的"节奏"。二十四节气是一年自然时光轮转的一个周期，从资料的收集整理、消化吸收，到构思、创作、修改、润色、定稿，按照节气更替、季节变换，在一个周期（一年）之内全部完成。刚开始，既要理出一个方案、顺出一个路子，又要把已经过去的节气"赶"过来，确实感觉有些力不从心，甚至一度想要放弃。有一段时间，创作几乎占据了我所有的业余时间，用废寝忘食来形容那段时间的状态亦不为过。

在中国有一个叫作"中国二十四节气保护传承联盟学术委员会"的专业研究组织，央视《天气预报》栏目主播、"气象先生"宋英杰是该委员会的委员。他在接受采访时说，"二十四节气"是中国古人根据太阳周年认知天气、气候、物候的规律和变化所形成的完整的知识体系和应用体系，早已浸入中国人的文化基因中。《易经》中说，"一阴一阳之谓道"，道就是规律，中国古人就是通过二十四节气来掌握规律和变化的。宋英杰说，"二十四节气充盈着科学的雨露，洋溢着文化的馨香。既是我们的居家日常，也是我们的诗和远方"。

2016 年 11 月 30 日，中国"二十四节气"正式被列入联合国教科文组织人类非物质文化遗产代表作名录，在国际气象界被誉为"中国的第五大发明"。

在收集、学习的过程中，我被"二十四节气"展现出来的魅力深深吸引！对应每一个节气，自古至今的文人骚客写下了大量的诗词歌赋，其中不乏传世名篇。此外，还有许许多多的民间歌谣、谚语俗语朗朗上口，各个节气应该吃什么，应该种什么，应该看什么，应该注意什么都囊括其中。如流传甚广的"立春阳气转，雨水沿河边，惊蛰乌鸦叫，春分地皮干，清明忙种麦，谷雨种大田……"

"二十四节气"的研究可以从气候、物候、神话、民俗、历史、天文等不同角度切入，可以说"二十四节气"包罗万象、博大精深。要在短时间内弄通弄懂"二十四节气"的内涵和精髓是绝无可能的，只能是"现学现用、边学边用"。我像挖到了一座"金矿"，发现了一个"宝库"一样，兴奋不已，如饥似渴地"挖矿、寻宝"。有了这些用之不竭的"矿石"、琳琅满目的"宝藏"，我对创作《二十四节气组歌》的信心更坚定了、底气更足了。

在最初的酝酿、构思阶段，既要考虑到"组歌"结构形式的整体性、统一性，又要考虑到每个节气的特点特色，每首歌词的差别差异，避免千篇一律、重复雷同。古人讲"五日为候，三候为气，六气为时，四时为岁"。受时间、空间变化的影响，自然界的气候瞬息万变，单以人的视觉、触觉，从温度、天气的变化，短时间内去感知节气的细微变化是很难的。幸好我们的先人们按照自然规律，长期积累，为我们总结记录了二十四节气的气候、物候、农事安排、风俗习惯、花信风候等变化规律，使每个节气得以区分、区别。

在实际写作阶段，我注重解决整组歌词的整体性和单首作品差异性的辩证统一问题。

整体性方面：歌曲标题的相对统一，我上网查证过，以节气名称为歌曲标题的作品已经有了，所以，设定了节气名称加"时节"二字作为单首歌曲的标题，比如"立春时节""雨水时节"等。曲式结构的相对统一，二十四首歌词全部采用A1＋A2＋B的二段体结构。这种做法可能有的人不认同，但还是按照我的认识和个人喜好，固执地就这么定下来了。风格特征的相对统一，既然二十四节气是古人几千年来流传、使用至今的文化传承，歌词写作就要体现一定的"古风古韵"，整体风格追求文采、节奏、韵律的"古味"。情志情调的相对统一，古人不断总结升华二十四节气的内涵，体现的是对美好生活的热爱和向往。在创作歌词时，努力把景、情、志、趣、理加以融合，尽力追求清新明快、情感自然、志趣高雅、理趣高洁的和谐一致。

差异性方面：构思立意的区别，每首歌词下笔之前，充分梳理收集到的全部资料，根据节气的物候、农事、花信、节日、风俗等各方面的特点，抓住最主要、最能够表达这个节气的特点，确定歌词立意，自然而然每首歌词之间就有了区别。意象意境的区别，在最通俗的意象中提炼出新意，注重雅俗结合；表现意境时，追求景中生情、情景交融。不断变换意象、意境，描写不同的景物，抒发不同的情感。语言语气的区别，语言风格上或雅或俗、雅俗相间；引用词句时，或原词原句原用，或原词原句化用；语气表达结合歌词情绪变化而变化，依照柔情、激情，思乡、念人，大爱、小情的不同来寻求不同。韵律节奏的区别，在追求每首歌词音韵完整统一的前提下，二十四首歌词之间的韵律力求变化；每首歌词句式追求特色鲜明，二十四首歌词之间的句式力求组合多样，实现韵律节奏的不断变化。

修改润色阶段，自认为在创作上追求完美的我，初稿写成后，放置、沉淀一段时间，然后逐句逐字推敲，不厌其烦地修改完善，直至最后再也改不动。有时我对整首歌词的构思立意不满意，直接"推倒重来"。然后，随着节气的更替，再切身感受一遍每一个节气的"味道"，不断回味、品味，来印证歌词文字的表达是否准确到位。

随着自然的变化、物候的变更、时间的流动、时节的流转、季节的更替、岁月的轮回，一起体会日升日落、月圆月缺，陪伴花开花谢、燕来燕去，感受冷热交替、风雨雷电，品悟聚合离分、忧愁悲欢。一首首歌词像一个个能够呼吸、能够私语的生命体，顺应自然、遵从时节，慢慢地从播种、萌芽、灌溉、修剪，到开花结果，最后瓜熟蒂落。二十四个五颜六色、饱满丰硕、各具风味的"果子"，盛在篮子里，装在盘子里，等待着被品尝，期待着被分享。

将二十四首歌词小心翼翼地捧给习勇先生后，我开始了另外一种期待，期待蝶变、期待重生。忽有一日，收到刁先生发来的微信，建议我依托民间流传的二十四节气歌谣"春雨惊春清谷天，夏满芒夏暑相连，秋处露秋寒霜降，冬雪雪冬小大寒"写一首开篇序曲，要体现传统的赓续、文化的传承，于是我便连夜写就了《时节流转》一篇，于是，在"果篮""果盘"的外面，又多出了一颗"果实"。

此刻，就像一个参与劳作耕种的"农夫"，我静静地守在一旁，默默注视着自己的劳动成果，心里既激动兴奋又惴惴不安，生怕不合大家的口味；同时，却又充满了几多期许，希望诸位闲暇之余，有兴致品尝评论一番，就像我在《芒种时节》中写到的：

多些敬畏 / 多些尊重，

珍惜每粒粮 / 深深悯农情，

一分耕耘 / 一分收获，

忙的是辛苦 / 种的是人生。

目录

春　　　　　　　夏

时节流转

二十四节气组歌 | 歌词曲谱

时节流转

高长青

春雨惊春清谷天，
夏满芒夏暑相连。
秋处露秋寒霜降，
冬雪雪冬小大寒。

一首歌谣流传千年，
一条大河滋养万物自然，
四季轮回，时节流转，
生生不息描摹壮美画卷。

中华文明薪火相传，
中华民族生长叶茂花繁，
星移斗转，日月经天，
绵绵不绝续写恢宏诗篇。

时节流转

1=♭E 4/4

♩= 80

作词：高长青
作曲：刁　勇

3. 2 3 5 5 | 2 1 6 1 - | 6. 5 6 1 6 | 5 3 1 2 - |

童声：春 雨 惊 春 清　谷 天，　夏 满 芒 夏 暑　相 连。

3. 2 3 5 3 | 3 1 2 1 6 - | 2. 3 2 1 6 | 6 5 6 1 - |

秋 处 露 秋 寒 霜 降，　冬 雪 雪 冬 小　大 寒。

‖: 3 3 3 6 5 - | 6 6 6 3 5 - | 6 6 6 5 6 1 6 | 1 1 5 3 2 - |

领：一 首 歌 谣 流 传 千 年，　一 条 大 河 滋 养 万 物 自　然，

合：中 华 文 明 薪 火 相 传，　中 华 民 族 生 长 叶 茂 花　繁，

3 3 3 2 5 - | 1 7 1 7 6 - | 5 5 6 3 2 3 5. | 2 2 3 1 - :‖

四 季 轮 回，时 节 流 转，生 生 不 息 描 摹　壮 美 画 卷。

星 移 斗 转，日 月 经 天，绵 绵 不 绝 续 写　恢 宏 诗 篇。

5 5 6 3 2 3 5. | 5 - 2 2 | 3 - - - | 1 - - - |

绵 绵 不 绝 续 写　恢 宏 诗　篇。

反复后渐隐

‖: X X X X X X | X X X X X X | X X X X X X | X X X X X X :‖

春雨惊春清谷天，夏满芒夏暑相连。秋处露秋寒霜降，冬雪雪冬小大寒。

认识二十四节气

　　"二十四节气"是我国上古时期农耕文明的产物，是我们的先民顺应农时，观察天体运行规律，认知一岁中时令、气候、物候等变化而形成的时间知识体系。二十四节气最初依据北斗七星斗柄指向制定，古人依据斗转星移时北半球相应地域自然节律的渐变，来判断时节变化，北斗七星循环旋转，斗柄以正东偏北为起点，顺时针旋转一圈称作一"岁"。干支历将一岁划分为十二月建（又称十二辰或十二月令），每月令含两个节气，立春为岁首。以"北斗星斗柄指向法"确立的二十四节气，始于立春，终于大寒。西汉汉武帝时期，把二十四节气纳入《太初历》，作为指导农事的补充历法。用土圭在黄河流域测定日影最长、白昼最短的这天作为冬至日，以冬至日为二十四节气的起点，将冬至与下一个冬至之间均分为24等份，每个节气间隔15天，时间相等，"土圭测日影法"划定的节气，始于冬至，终于大雪。现行的二十四节气来自三百多年前（1645年），根据太阳在回归黄道上的位置确定节气的方法划定。就是在以360°为圆周的"黄道"（一年中太阳在天球上的视路径）上，划分24等份，每15°为1等份，春分点为0度起点，按黄经度数编排。视太阳从黄经0度出发（此时太阳垂直照射在赤道上），每向前15°为一个节气，运行一周后又回到春分点，为一个回归年。依据"太阳黄经度数"划分的节气，始于立春，终于大寒。

　　记载二十四节气较早的文献是《尚书·尧典》，西汉古籍《淮南子·天文训》中已有与今天的二十四节气顺序完全一致的完整记载，这说明至少在先秦时期二十四节气就已流行。

2006年5月20日，国务院正式公布第一批国家级非物质文化遗产名录名单。其中，中国农业博物馆申报的《农历二十四节气》被确定为首批非物质文化遗产。

2016年11月30日，"二十四节气——中国人通过观察太阳周年运动而形成的时间知识体系及其实践"被列入联合国教科文组织人类非物质文化遗产代表作名录。

春雨惊春清谷天，夏满芒夏暑相连；
秋处露秋寒霜降，冬雪雪冬小大寒。

短短28个字，包含了我们常说的二十四节气：

立春、雨水、惊蛰、春分、清明、谷雨
立夏、小满、芒种、夏至、小暑、大暑
立秋、处暑、白露、秋分、寒露、霜降
立冬、小雪、大雪、冬至、小寒、大寒

步入都市文明后，农耕逐渐式微，不过，我们仍可以借古人之眼，看山川风月、大地草木。

就当下而言，二十四节气不仅是中国特色的时间知识体系，它依旧能够提示人们季节流转，指导农业生产、日常生活，它还是重要的文化资源，可以丰富文化生活、促进文化创意、增加文化认同。同时，二十四节气蕴含着"顺应自然""天人合一"的思想，对于促进和谐社会建设，提升社会文明水平具有重要的现实意义，针对全球面临的生态

环境问题，二十四节气也提供了人与自然和谐共生的中国智慧。

正是有了二十四节气，一年才不是只有四季。

接下来，让我们沿着时间的河流，

循着这本《我们的二十四节气》，

静下心来，慢慢聆听、感受二十四节气吧！

说说花信风

　　我国古代先民把五日称作一候，三候为一个节气。候，就是物候，是指自然界的花草树木、飞禽走兽，按照一定的季节时令生长、活动，这与气候变化息息相关。我们的祖先很早就发现天地万物虽各不相同，但生老病死、盛衰枯荣、斗转星移、阴阳消长，似乎有着相通的呼吸和脉动。古人通过观察逐渐发现，植物的萌芽、发叶、开花、结果、叶黄、叶落，动物的蛰眠、复苏、始鸣、繁育、迁徙等都受气候变化的制约。冬去春来，从小寒到谷雨这八个节气里共有二十四候，每一候都有花开花落，花开时吹来的风被称作"花信风"，人们以一种花期最准的代表性花卉作为这一候的"花信"，于是就有了"二十四番花信风"。

　　南朝《荆楚岁时记》中记述："始梅花，终棟花，凡二十四番花信风。"唐代《唐国史补》记载："自白沙溯流而上，常待东北风，谓之信风。七月八月有上信，三月有鸟信，五月有麦信。"宋代《演繁露》卷一记载："三月花开时，风名花信风。"南宋范成大《元夕后连阴》诗中说："谁能腰鼓催花信，快打《凉州》百面雷。"明代杨慎《咏梅九言》曰："错恨高楼三弄叫云笛，无奈二十四番花信催。"

　　花信风自小寒节气始。小寒是一年中最冷的节气，花信风以梅花为首，傲霜斗雪的梅花最先报告春天的信息。到了谷雨时节，百花盛开，万紫千红，棟花排在花信风的最后，表明棟花开罢，一年的花事已了。

　　二十四番花信风流传版本甚多，最常见的是：

小寒：一候梅花，二候山茶，三候水仙。

大寒：一候瑞香，二候兰花，三候山矾。

立春：一候迎春，二候樱桃，三候望春。

雨水：一候菜花，二候杏花，三候李花。

惊蛰：一候桃花，二候棣棠，三候蔷薇。

春分：一候海棠，二候梨花，三候木兰。

清明：一候桐花，二候麦花，三候柳花。

谷雨：一候牡丹，二候荼蘼，三候楝花。

二十四番花信风不仅反映了花开与时令的自然现象，更重要的是可以利用这种现象来掌握农时、安排农事。我国劳动人民在生产生活中总结出许许多多有关物候的谚语："桃花开，燕子来，准备谷种下田畈""柳树发芽暖洋洋，冷天不会有几长""荷花开，秧正栽；菊花黄，种麦忙""桐子树开花，霜雪不再落""柳絮乱攘攘，家家下稻秧""梅子金黄杏子肥，榴花似火桃李坠，蜓立荷角作物旺，欣欣向荣见丰收"等。

二十四番花信风充分体现了我国古人的浪漫，从严冬到暖春，花开次第，以花为信，不负花期，把日子诗意化了。静心一想，日日鲜花相伴，时时花香氤氲，更有花语呢喃，这是多么美好的事情啊！

立春

阳和起蛰 品物皆春

春日　〔宋〕 朱熹

胜日寻芳泗水滨，无边光景一时新。
等闲识得东风面，万紫千红总是春。

迎春花

二十四节气组歌 | 歌词曲谱

立春时节

高长青

风和日暖，冰雪渐融，
点点寒梅绽放，悄然无声。
冲一杯茉莉，把春天唤醒，
自然万物开始孕育新生。

春和景明，佳期如梦，
几只野鸭拨弄，春水盈盈。
吹一段柳笛，把春天唤醒，
一切美好即将蓬勃发生。

立春时节，期待十里春风，
投入久违的怀抱，似水柔情。
洗净沧桑，播种希望，
相约春天，一路前行。

立春时节

作词：高长青
作曲：刁勇

1=F 4/4 2/4

♩=94

```
5̲ 3   3̲ 2̲ 1 -  | 2 2̲ 3̲ 1̲ 6̇ 5̇ -  | 6̇ 6̇ 1̲ 1̲ 6̇ 6̇ 5̇ 3 |
风 和 日 暖，   冰 雪  渐  融，   点 点 寒 梅 绽  放，
春 和 景 明，   佳 期  如  梦，   几 只 野 鸭 拨  弄，

3̲ 5   1̲ 2 -  | 5̇ 3   3̲ 2̲ 1 -  | 6̇ 2̲ 2̲ 1̲ 6̇ -  |
悄 然  无  声。   冲 一  杯 茉 莉，   把 春 天 唤 醒，
春 水  盈  盈。   吹 一  段 柳 笛，   把 春 天 唤 醒，

6̇ 6̇ 5̲ 6̲ 6̇. 3̲ 3 | 2 2   3̲ 5 -  : | 6̇ 5̲ 6̲ 1̇ 5̲ 6̲ |
自 然 万 物 开 始   孕 育 新 生。     立 春 时 节，
一 切 美 好 即 将   蓬 勃 发 生。     一 切 美 好 即 将

1̇ 1̇ 3̲ 3̲ 6̇ 5̇. | 2 2 2̲ 3̲ 2̲ 1̲ 6̇ | 1̇ 1̇   6̇ 5̇ -  |
期 待 十 里 春 风，   投 入 久 违 的 怀 抱，   似 水  柔 情。

6̇ 5̲ 6̲ 1̇ 5̲ 6̲ | 1̇ 1̇ 3̲ 7̲ 6̇ - | 5̇ 5̇ 6̇ 6̲ 6̲ 5̇ 3 |
洗  净 沧  桑，   播 种 希  望，   相 约 春 天，一  路

3̲ 5   6̇. 1 -  | 5̇ 5̇ 6̇ 6̲ 6̲ 5̇ 3 | 2/4 3   -  |
前    行。 D.C. 相 约 春 天，一  路
         D.S.

3̲ 5   6̇ -  | 1̇ - - - | 1̇ - - - |
前    行。
```

立春
L I C H U N
物候特征

立春三候

一候 | 东风解冻
东风送暖，大地开始解冻。

二候 | 蛰虫始振
立春五日后，蛰居的虫类慢慢在洞中苏醒。

三候 | 鱼陟负冰
再过五日，河里的冰开始融化，鱼开始在水面上游动，此时水面上没有完全融化的碎冰片，如同被鱼负着一般浮在水面。

立春花信风

一候迎春，二候樱桃，三候望春。

立春，为二十四节气之首，又名正月节、岁节、改岁、岁旦等。每年公历2月3日至5日，太阳黄经达315°时为立春。《月令七十二候集解》记载："立春，正月节。立，建始也。……而春木之气始至，故谓之立也。立夏、秋、冬同。"

立春标志着万物闭藏的冬季已经过去，开始进入风和日暖、万物生长的春季。时至立春，在我国的北回归线（黄赤交角）及其以南一带，可明显感觉到早春的气息。对于我国北回归线以北的地区来说，距北回归线（黄赤交角）越远，进入春天越晚。这是由于我国幅员辽阔，南北跨度大，各地自然节律不一，立春对于北方很多地区来讲只是春天的前奏，万物尚未复苏。

打春牛

早在周朝时，就有春日鞭牛的活动。每年立春前，各州府事先制好泥塑芒神和土牛。到了立春这一天，官府带着迎春队伍，浩浩荡荡地来到东郊八里处事先准备好的芒神亭和土牛台，举行隆重的迎春仪式。到了明清，仪式更为隆重。据清朝《燕京岁时记》记载："立春先一日，顺天府官员至东直门外一里春场迎春。立春日，礼部呈进春山宝座，顺天府呈进春牛图。礼毕回署，引春牛而击之，曰打春。"

吃春饼

立春这天，民间有吃春饼、春卷的习俗。据《四时宝鉴》记载："立春日，唐人做春饼生菜，号春盘。"春饼是以麦面烙制或蒸制的薄饼，以豆芽、韭黄、粉丝等炒成的合菜作馅儿包着食用。春饼的特点是薄而软，形状可大可小。现在吃的春饼，配料已是十分讲究了，除了传统的豆芽炒韭菜，还有肉丝、蛋丝、香菇等配料。

糊春牛

这一习俗在立春前就着手进行。由县衙聘请纸扎巧匠能手，立春前到县城聚会，精心扎制春牛。一般用竹篾绑成牛的骨架，用春木做牛腿，然后糊上纸，涂上颜料，一个"春牛"就制作完成了。糊春牛时，若糊上红黄色的纸，就意味着五谷丰收；若糊上黑色的纸，就意味着收成不好。所以，知县安排用红黄色的纸，以得民心。春牛糊好后，举行开光点睛仪式，设立香案，顶礼朝拜。

咬春

立春这一日，民间讲究买萝卜吃，称为"咬春"。因为萝卜味辣，可以解春困，古人取"咬得草根断，则百事可做"之意。老北京人讲究时令吃食。立春这天从清早开始，就有人挑着担子在胡同里吆喝："萝卜赛梨。"

立春
LI CHUN
风俗习惯

立春
L I C H U N
饮食起居

立春，阳气开始生发，万物复苏。人们的饮食起居也应该顺应天地之气的变化，注意保护阳气，着眼于一个"生"字。

早起早睡，以养肝气

"肝属木，应于春季"，肝气通达，身体才会轻松，精力才会充沛；若肝气受损，人很容易出现疲劳困倦、眼干目涩等不适症状。因此，春季要让肝"休息"好，过度劳累会严重耗损气血，直接影响肝藏血的功能。"人卧则血归于肝"，在此时提倡早睡早起，规律起居。早上起床后伸个大大的懒腰，在日出后到户外散散步，身体动起来，阳气也就生发了。

少酸加辛，助阳养肝

中医认为，酸性收敛，入肝经，不利于阳气的生发和肝气的疏泄，因此，立春前后，人们应少吃酸性食物，多吃辛甘发散之物，如：洋葱、姜、蒜、芹菜等。这些味道辛香的食物，既可疏风散寒，又能杀菌防病，最适宜在立春节气食用。在药膳方面，针对立春的节气特点，可食用一些养肝柔肝、疏肝理气的药材和食品，如：白芍、枸杞、花生、红枣等。

春捂护阳，下厚上薄

谚语云，"春不减衣，秋不戴帽"。立春前后阳气渐生，而阴寒未尽，正处于阴退阳长、寒去热来的转折期。此时人体对寒邪的抵抗能力有所减弱，如果穿得少了，一旦遭遇寒凉的侵袭，体内的阳气得不到宣发，就会产生"阳气郁"的现象。所以，防寒保暖是立春养生的重点。此时衣着要下厚上薄，以助春阳生发之势，正如《老老恒言》所云："春冻未泮，下体宁过于暖，上体无妨略减，所以养阳之生气。"

立春
LI CHUN
农时农事

"一年之计在于春"。立春前后，随着温度慢慢回升，北方冬小麦将进入返青期。此时要重视田间除草、浇返青水、施返青肥，促进小麦生长。菜农朋友要做好蔬菜保温防冻、大棚通风透气、保花保果、病虫防控等工作。果农朋友要做好清扫果园、剪除病虫枝、树干涂白等工作。

立春

谚语俗语

立春一日，百草回芽

立春晴，一春晴；立春下，一春下

吃了立春饭，一天暖一天

雨淋春牛头，七七四十九天愁

打春冻人不冻水

一年之计在于春，一日之计在于晨

立春暖一日，惊蛰冷三天

雷打立春节，惊蛰雨不歇

春打六九头，农民不用愁

立春热过劲，转冷雪纷纷

立春寒，阴雨连绵四十天

立春打了霜，当春会烂秧

春打六九头，七九、八九就使牛

立春之日雨淋淋，阴阴湿湿到清明

立春东风回暖早，立春西风回暖迟

立春一日，水暖三分

立春晴，雨水匀

最好立春晴一日，风调雨顺好种田

立春不晴，还要冷一月零

春打五九尾，家家吃白米；春打六九头，家家买黄牛

立春雪水化一丈，打得麦子无处放

立春雨水到，早起晚睡觉

立春天气晴，百事好收成

立春一年端，种地早盘算

立春阴，花倒春

腊月立春春水早，正月立春春水迟

立春
古代诗词

减字木兰花·立春
［宋］苏轼

春牛春杖，无限春风来海上。
便丐春工，染得桃红似肉红。
春幡春胜，一阵春风吹酒醒。
不似天涯，卷起杨花似雪花。

京中正月七日立春
［唐］罗隐

一二三四五六七，万木生芽是今日。
远天归雁拂云飞，近水游鱼迸冰出。

立春
［唐］韦庄

青帝东来日驭迟，暖烟轻逐晓风吹。
罽袍公子樽前觉，锦帐佳人梦里知。
雪圃乍开红菜甲，彩幡新翦绿杨丝。
殷勤为作宜春曲，题向花笺帖绣楣。

立春
［宋］白玉蟾

东风吹散梅梢雪，一夜挽回天下春。
从此阳春应有脚，百花富贵草精神。

立春
［南宋］王镃

泥牛鞭散六街尘，生菜挑来叶叶春。
从此雪消风自软，梅花合让柳条新。

立春
［宋］方岳

初信东风入彩幡，自挑雪荠钉春盘。
土牛又送一年老，野鹤不知三迳寒。
筋力尚堪耕绿野，羽毛并欲挂黄冠。
无人共跨南山犊，便作寻花问柳看。

立春
［宋］黄庶

此日春方到，春心亚舜尧。
勾芒如稷契，大蔟似咸韶。
衡柄三阳把，陶镕万物翘。
家家助和气，剪彩作花飘。

立春日郊行
［南宋］范成大

竹拥溪桥麦盖坡，土牛行处亦笙歌。
麴尘欲暗垂垂柳，醅面初明浅浅波。
日满县前春市合，潮平浦口暮帆多。
春来不饮兼无句，奈此金幡彩胜何。

咏廿四气诗·立春正月节
［唐］元稹

春冬移律吕，天地换星霜。
冰泮游鱼跃，和风待柳芳。
早梅迎雨水，残雪怯朝阳。
万物含新意，同欢圣日长。

立春古律
〔宋〕朱淑真

停杯不饮待春来，和气先春动六街。
生菜乍挑宜卷饼，罗幡旋剪称联钗。
休论残腊千重恨，管入新年百事谐。
从此对花并对景，尽拘风月入诗怀。

立春日
〔宋〕陆游

日出风和宿醉醒，山家乐事满余龄。
年丰腊雪经三白，地暖春郊已遍青。
菜细簇花宜薄饼，酒香浮螘泻长瓶。
湖村好景吟难尽，乞与侯家作画屏。

立春
〔唐〕杜甫

春日春盘细生菜，忽忆两京梅发时。
盘出高门行白玉，菜传纤手送青丝。
巫峡寒江那对眼，杜陵远客不胜悲。
此身未知归定处，呼儿觅纸一题诗。

人日立春
〔唐〕卢仝

春度春归无限春，今朝方始觉成人。
从今克己应犹及，颜与梅花俱自新。

立春偶成
〔南宋〕张栻

律回岁晚冰霜少，春到人间草木知。
便觉眼前生意满，东风吹水绿参差。

东风解冻 散而为雨

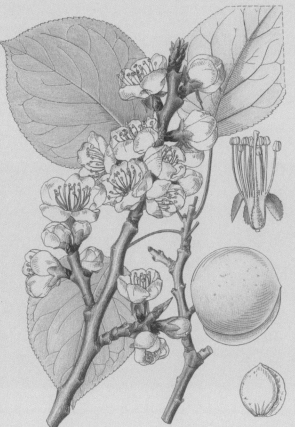

杏花

雨水时节

高长青

你是久别重逢的诗意浪漫，
随风入夜带着丝丝缠绵；
你是新春的使者，
化作甘霖洒向人间。

你是春回大地的美好心愿，
润物无声透着缕缕甘甜；
你是初春的精灵，
点红早樱染绿秧田。

一场春雨一场暖，
暖了春水也暖春山。
迎接一夜酥雨，
期待花开一片。

雨水时节

作词：高长青
作曲：刁　勇

1=♭E　4/4

♩= 76

```
0  0  0  0 | 0 5 6 ‖: 1 1 | 2 3 5 6 5 0 3 | 2 2 3 1 6 5 5 · 1 2 |
              你是 久别   重   逢 的诗意 浪    漫，随
              春回 大    地 的美好 心    愿，润
```

```
3 · 5 3  0 1 1 | 2 2 3 1 6 1 2 · 5 6 | 1 1  2 3 5 6 5 |
风  入 夜   带着 丝丝 缠    绵；你是 新春 的 使  者，
物  无 声   透着 缕缕 甘    甜；你是 初春 的 精  灵，
```

```
3 2 1 2 3 6 · 6 1 | 2  2 2 3 6 · 2 - | [1.] 2 2 2 3 6 · 1 - | 1 - 0 0 5 6 :‖
新春的 使者，化 作甘 霖   洒向人  间。                  你是
初春的 精灵，点 红早 樱
```

```
[2.] 2 2 2 3 6 · 1 - | 1 - 0 3 5 | 6 · 7 6 5 6 | 5 - - 3 5 |
     染绿秧  田。       一场 春  雨一场 暖，  暖了
```

```
6 7 6 6 6 3 5 | 6 3 2 2 - 3 5 | 6 · 7 6 5 6 5 | 3 - - 6 1 |
春 水 也暖 春  山，迎接一 夜酥  雨，    期待
```

```
[1.] 2 3 2 2 3 6 1 2 1 | 1 - - 0 ‖ [2.] 2 3 2 2 3 6 1 2 1 | 1 - - 3 5 ‖
     花开一 片。                   花开一 片。     一场
                        D.C.                               D.S.
```

```
[3.] 2 3 2 - - | 2 3 6 - 1 2 | 1 - - - | 1 - - - ‖
     花 开 一   片。
```

雨水

物候特征

雨水，是春季的第二个节气。公历2月18日至20日，太阳黄经达330°时为雨水。《月令七十二候集解》记载："正月中，天一生水。春始属木，然生木者必水也，故立春后继之雨水。且东风既解冻，则散而为雨矣。"意思是说，雨水节气前后，万物开始萌动，春天就要到了。

雨水时节，天气变化不定，是全年寒潮过程出现得最多的时节之一，此时忽冷忽热，乍暖还寒。太阳的直射点由南半球逐渐向赤道靠近，这时的北半球，日照时数和强度都在增加，气温回升得较快。来自海洋的暖湿空气开始活跃，并渐渐向北挺进与冷空气相遇，形成降雨，但降雨量级多以小雨或毛毛细雨为主。

雨水花信风

一候菜花，二候杏花，三候李花。

雨水三候

一候｜獭祭鱼

水獭开始捕鱼了，将鱼摆在岸边，如同先祭后食的样子。

二候｜鸿雁来

大雁开始从南方飞回北方。

三候｜草木萌动

在"润物细无声"的春雨中，草木随地中阳气的升腾而开始抽出嫩芽。

雨水
YU SHUI
风俗习惯

回娘屋

　　雨水时节回娘屋是流行于川西一带的风俗习惯。到了雨水节气，出嫁的女儿纷纷带上礼物回娘家拜望父母。生育了孩子的妇女，须带上罐罐肉、椅子等礼物，以感谢父母的养育之恩。久不怀孕的妇女，则由母亲为其缝制一条红裤子，穿在贴身处。据说，这样可使其尽快怀孕生子。

撞拜寄

　　"撞拜寄"就是拉干爹，意取"雨露滋润易生长"之意。这天要拉干爹的孩子的父母手提装好酒菜、香蜡、纸钱的筐，带着孩子在人群中穿来穿去找准干爹对象。找干爹的目的是让孩子健康平安地成长。

接寿

　　接寿是祝岳父岳母长命百岁的习俗。送节的一个经典礼物就是罐罐肉，用砂锅炖了猪脚和雪山大豆、海带，再用红纸、红绳封了罐口，给岳父岳母送去，对辛辛苦苦将女儿养育成人的岳父岳母表示感谢和敬意。如果是新婚女婿送节，岳父岳母还要回赠雨伞，让女婿在外奔波时，能遮风挡雨，也有祝愿女婿的人生旅途顺利、平安的意思。

雨水
Y U S H U I
饮食起居

雨水节气意味着进入气象意义的春天。此时气温渐升，但随着降雨的增多，寒湿之邪最易困着脾脏。同时，湿邪难以祛除。故雨水前后应当注意调畅肝脏，健脾利湿。

养肝有两招

身体动起来。雨水节气早晚仍然较为寒冷，不宜做过于剧烈的运动，避免因为中气消耗太过而导致肝气过剩。可以散步、打太极拳，这些较轻松的运动能让肝气慢慢地上升。

心里静下来。春季，阳气生发的速度开始快于阴气，肝火也处于上升的势头，需要适当地释放。又因肝喜疏泄厌抑郁，生气发怒易让肝脏气血淤滞不畅而导致各种肝病。因此，养肝的关键就是要保持心情舒畅，力戒暴怒或忧郁。

养脾有四招

护住下身。雨水是全年寒潮过程出现得最多的时节之一，此时天气忽冷忽热，乍暖还寒。建议不要过度减衣，可将保暖的重心放在下半身，遵循"下厚上薄"的穿衣原则，腿脚的保暖做好了，才能防止春季疾病的侵犯。

多食粥类。粥类素来有健脾利湿、养胃和胃的功效，《千金月令》记载："正月宜食粥。"雨水前后食用养生粥对润和脾胃大有益处。

摩腹提肛。睡前摩腹提肛，有助于养护体内的阳气，达到运脾固肾的效果。摩腹应仰卧，以肚脐为中心，手掌在腹部按顺时针方向按摩 200 次，有利于促进消化，提高睡眠质量。提肛宜平躺，两手并贴于大腿外侧，两眼微闭，全身放松，以鼻吸气，缓慢匀和，吸气的同时用"意"提起肛门及会阴部，肛门紧闭，腹部稍用力向上收缩，屏住呼吸稍停 2~5 秒，再放松并缓缓呼气，呼气时腹部和肛门慢慢放松。这样一紧一松做 9 次，长期坚持可固精益肾，提振阳气。

饮食以平。雨水时节气候转暖，但风多物燥，食物以平性为宜，适当少酸多甘。另要多吃新鲜蔬菜、多汁水果以补充人体水分，慎吃辣椒、羊肉等性温、性热的食物。

雨水 YU SHUI
农时农事

雨水时节虽然阳气渐升，天气回暖，但常伴有"倒春寒"。天气寒冷时，要加强防冻保暖，也要适时通风换气，防止闷坏秧苗。油菜、冬麦普遍返青生长，对水分的需求相对较多。华北、西北及黄淮地区，若早春少雨应及时春灌。淮河以南地区，一般雨水较多，应做好农田清沟沥水、中耕除草、预防湿害烂根等工作。华南地区双季稻早稻育秧为防忽冷忽热、乍暖还寒的天气，应注意抢晴播种，力争一播全苗。

雨水落了雨，阴阴沉沉到谷雨

雨水前雷，雨雪霏霏

暖雨水，冷惊蛰，暖春分

雨水有雨，一年多水

早雨天晴，晚雨难晴

早晨落雨晚担柴，下午落雨打草鞋

开门见雨饭前雨，关门见雨一夜雨

雨水落雨三大碗，大河小河都要满

雨水节气南风紧，则回春早；南风不打紧，会反春

雨打雨水节，二月落不歇

早雨晚晴，晚雨一天淋

一场春雨一场暖，十场春雨穿单衣

雨打五更头，午时有日头

夜雨三日雨

雨水明，夏至晴

雨水日晴，春雨发得早

早晨下雨当天晴，晚间下雨到天明

一场春雨一场暖，一场秋雨一场寒

雨下黄昏头，明天是个大日头

雨打夜，落一夜

春雨贵如油

雨水雪转雨，乍暖还寒时

雨水节，雨水代替雪

雨水到来地解冻，化一层来耙一层

雨水非降雨，还是降雪期

雨水

YU SHUI

古代诗词

咏廿四气诗·雨水正月中
〔唐〕元稹

雨水洗春容，平田已见龙。
祭鱼盈浦屿，归雁过山峰。
云色轻还重，风光淡又浓。
向春入二月，花色影重重。

水槛遣心二首（其一）
〔唐〕杜甫

去郭轩楹敞，无村眺望赊。
澄江平少岸，幽树晚多花。
细雨鱼儿出，微风燕子斜。
城中十万户，此地两三家。

春雨
〔唐〕李商隐

怅卧新春白袷衣，白门寥落意多违。
红楼隔雨相望冷，珠箔飘灯独自归。
远路应悲春晼晚，残宵犹得梦依稀。
玉珰缄札何由达，万里云罗一雁飞。

春雨
〔宋〕周邦彦

耕人扶耒语林丘，花外时时落一鸥。
欲验春来多少雨，野塘漫水可回舟。

临安春雨初霁
〔宋〕陆游

世味年来薄似纱，谁令骑马客京华。
小楼一夜听春雨，深巷明朝卖杏花。
矮纸斜行闲作草，晴窗细乳戏分茶。
素衣莫起风尘叹，犹及清明可到家。

早春呈水部张十八员外二首
〔唐〕韩愈

其一
天街小雨润如酥，草色遥看近却无。
最是一年春好处，绝胜烟柳满皇都。

其二
莫道官忙身老大，即无年少逐春心。
凭君先到江头看，柳色如今深未深。

大酺·春雨
〔宋〕周邦彦

对宿烟收，春禽静，飞雨时鸣高屋。
墙头青玉旆，洗铅霜都尽，嫩梢相触。
润逼琴丝，寒侵枕障，虫网吹黏帘竹。
邮亭无人处，听檐声不断，困眠初熟。
奈愁极顿惊，梦轻难记，自怜幽独。
行人归意速。最先念、流潦妨车毂。
怎奈向、兰成憔悴，卫玠清羸，
等闲时、易伤心目。
未怪平阳客，双泪落、笛中哀曲。
况萧索、青芜国。红糁铺地，
门外荆桃如菽。夜游共谁秉烛。

听雨

〔元〕 虞集

屏风围坐鬓毵毵，绛蜡摇光照暮酣。

京国多年情尽改，忽听春雨忆江南。

谒金门·春雨足

〔唐〕 韦庄

春雨足，染就一溪新绿。

柳外飞来双羽玉，弄晴相对浴。

楼外翠帘高轴，倚遍阑干几曲。

云淡水平烟树簇，寸心千里目。

绮罗香·咏春雨

〔宋〕 史达祖

做冷欺花，将烟困柳，千里偷催春暮。

尽日冥迷，愁里欲飞还住。

惊粉重、蝶宿西园，喜泥润、燕归南浦。

最妨它、佳约风流，钿车不到杜陵路。

沉沉江上望极，还被春潮晚急，难寻官渡。

隐约遥峰，和泪谢娘眉妩。

临断岸、新绿生时，是落红、带愁流处。

记当日、门掩梨花，剪灯深夜语。

小雨

〔宋〕 杨万里

雨来细细复疏疏，纵不能多不肯无。

似妒诗人山入眼，千峰故隔一帘珠。

惊蛰

春雷乍动　万物启蛰

春雷响，万物长。

玉兰

惊蛰时节

高长青

春雷响哟，蛰虫醒哟，
枝头雀鸟欢鸣，
陌上杨柳萌动，
万物复苏，一派欣欣向荣。

龙头抬哟，地气升哟，
江南布谷催耕，
江北麦苗返青，
人勤春早，大地五谷丰登。

杨柳渐绿，烟雨渐浓，
东风又起，春心又生。
带上灵魂，放松心情，
踏着春的旋律，
醉看山水，笑迎春风。

惊蛰时节

作词：高长青
作曲：刁 勇

1=D 2/4

♩=88

6 3. 5 6 6. i 6. i 5 3. 2 3 5 3
春雷 响哟， 蛰虫 醒哟， 枝头雀鸟
龙头 抬哟， 地气 升哟， 江南布谷

5. 6 6 5 5 6 5 2 5. 3 3 2 2 3 1 6 1 2. 3
欢 鸣， 陌上 杨柳 萌 动， 万物 复 苏，
催 耕， 江北 麦苗 返 青， 人勤 春 早，

2 2 3 2 5 7 6. 6 0 ‖ 5 6 7 5 7 6.
一派 欣欣 向荣。 大地五谷 丰登。
大地 五谷 丰登。

6 0 6 6 5 3 5 6 6. i 5 5 6 5 2 3 —
杨柳 渐绿， 烟雨渐 浓，

2 2. 3 1 6 1 2. 3 5 5 5 6 5 3 — 6 6
东风 又 起， 春心又 生。 带 上

5 3 5 6 i 6 5 3 5 6 — 2. 2 2 6 3 2.
灵 魂， 放松心 情， 踏着春的 旋律，

2 3 5 3 7 — 7 5 5 7 6 6 6 0 ‖
醉看山 水， 笑迎春 风。

D. C.
D. S.

2 3 5 3 7 — 7 V 5 5 7 6 6 6 0 ‖
醉看山 水， 笑迎春 风。

惊蛰 物候特征

JING ZHE

惊蛰三候

一候｜桃始华

桃之夭夭，灼灼其华。惊蛰之日，闹春之始。

二候｜仓庚鸣

春日载阳，有鸣仓庚。仓庚，即黄莺。惊蛰后五日，黄莺最早感知春阳之气，嘤其鸣，求其友。

三候｜鹰化为鸠

古人浪漫。惊蛰时节，老鹰渐无踪影，鸠鸟却多见，古人便以为鹰化而为鸠。

惊蛰，是春季的第三个节气。每年公历3月5日至6日，太阳黄经达345°时为惊蛰，《月令七十二候集解》记载："二月节……万物出乎震，震为雷，故曰惊蛰。是蛰虫惊而出走矣。"描述进入仲春，天气转暖，渐有春雷，冬眠的动物开始苏醒。

时至惊蛰，阳气上升，气温回暖，春雷乍动，雨水增多，万物生机盎然。真正使冬眠动物苏醒的，不是隆隆的雷声，而是气温回升到一定程度时土地的温度。有谚语云，"惊蛰过，暖和和，蛤蟆老角唱山歌""雷打惊蛰谷米贱，惊蛰闻雷米如泥"，即在惊蛰前后听到雷声是正常的，意味着这一年风调雨顺，是个好年景。自古以来，我国劳动人民很重视惊蛰，把它视为春耕开始的节气。

惊蛰花信风

一候桃花，二候棣棠，三候蔷薇。

惊蛰
JING ZHE
风俗习惯

祭白虎

　　在民间传说中，白虎是是非之神，每年都会在惊蛰这天出来觅食，开口噬人。后来将其引申为遭邪恶小人兴风作浪，阻挠前程发展，导致百般不顺。为了自保，人们便在惊蛰这天祭白虎。拜祭用纸绘制的白老虎，纸老虎一般为黄色黑斑纹，口角画有一对獠牙。拜祭时，以猪血喂之，使其吃饱不再出口伤人，再用生猪肉抹在纸老虎的嘴上，使之充满油水，不能张口说人是非。

蒙鼓皮

　　古人想象雷神是位鸟嘴人身、长了翅膀的大神，一手持锤，连击环绕周身的天鼓，发出隆隆的雷声。古人认为，惊蛰雷鸣是天庭的雷神在击打天鼓，人们便也在此时来蒙鼓皮。《周礼》卷四十《挥人》篇上说，"凡冒鼓必以启蛰之日"。其注为："惊蛰，孟春之中也，蛰虫始闻雷声而动；鼓，所取象也；冒，蒙鼓以革。"

打小人

　　惊蛰时节的雷声唤醒冬眠中的蛇、虫、鼠、蚁，家中的爬虫走蚁也会应声而起，四处觅食。所以，古时惊蛰当日，人们会手持艾草，熏一熏家中四角，以香味驱赶蛇、虫、鼠、蚁。久而久之，演变成不顺心者拍打"对头"和驱赶霉运的习惯，这便是"打小人"习俗的前身。

惊蛰
饮食起居

惊蛰时节，大部分植物都开始抽绿，气温明显转暖，此时人体的阳气由冬天蛰伏于肾水之中封藏的状态变为肝木之阳气生发的状态。故而惊蛰养生，重在养肝。

晚睡早起

惊蛰前后阴寒之气渐降，阳气生发，人体的血管舒张，流入大脑的供血较冬季减少，中枢神经的兴奋性减弱，致春困扰人。很多人认为多睡可以解乏，但结果往往是越睡越困。其实，春天可以适当晚睡早起，多伸懒腰，这样可以使血液循环加快，不但能减轻困意，还能激发肝脏机能。

少酸多甘

惊蛰时节，可适当多吃能生发阳气的食物，如韭菜、菠菜、荠菜等。此时正值仲春，肝气正旺，易伤脾，故要少吃酸，宜多吃大枣、山药等甘味食物以养脾。另外，惊蛰之后，气温回升，细菌等微生物活力增强，容易侵犯人体而致病。此时最好多吃清热解毒的"抗菌"食品，如：大蒜、大葱、蒲公英、蜂蜜、绿茶、香菇等。

防风保暖

惊蛰时节，由于天气转暖，很多人会脱下冬衣。但由于此时气温波动得较大，且我国春季多风，所以还是要做好身体关键部位的防风保暖。有以下几个要点：捂头颈，上身全暖和；捂手腕，心脏舒服；捂腰腹，下肢不麻木；捂小腿，脑袋不痛苦。

多去户外

惊蛰时节，人们可以多参加一些户外活动，如：踏青、慢跑、晨练等，锻炼身体，提升自身的阳气，增强人体对气候变化的适应能力。但要少去人口密集、空气不流通的地方，以免感染流行性疾病。

惊蛰时节气温逐渐回升，对温室栽培的越冬蔬菜，应进行中耕划锄、提高地温、增加透气性、促进新根生长等工作。由于温度低，阴天较多，应做好灰霉病、叶霉病、霜霉病、早疫病、晚疫病、根腐病的防治工作。江南地区小麦已经拔节，油菜也开始见花，对水、肥的要求均很高，应适时追肥，干旱少雨的地方应适当浇水灌溉。华南地区早稻播种应抓紧进行，同时要做好秧田防寒工作。

春雷一响，惊动万物

惊蛰春雷响，农夫闲转忙

二月莫把棉衣撤，三月还下桃花雪

惊蛰有雨并闪雷，麦积场中如土堆

二月打雷麦成堆

惊蛰断凌丝

地化通，见大葱

九尽杨花开，春种早安排

九九加一九，遍地耕牛走

大麦豌豆不出九

豌豆出了九，开花不结纽儿

种蒜不出九，出九长独头

惊蛰地化通，锄麦莫放松

麦锄三遍无有沟，豆锄三遍圆溜溜

麦子锄三遍，等着吃白面

惊蛰不耙地，好像蒸锅跑了气

地化通，赶快耕

到了惊蛰节，耕地不能歇

惊蛰冷，冷半年

惊蛰刮大风，冷到五月中

雷打惊蛰前，高山好种田

惊蛰吹南风，秧苗迟下种

惊蛰过后雷声响，蒜苗谷苗迎风长

雷响惊蛰前，夜里捕鱼日过鲜

惊蛰一犁土，春分地气通

未过惊蛰先打雷，四十九天云不开

七九河开，八九雁来

惊蛰

JING ZHE

古代诗词

春晴泛舟

〔宋〕陆游

儿童莫笑是陈人，湖海春回发兴新。

雷动风行惊蛰户，天开地辟转鸿钧。

鳞鳞江色涨石黛，嫋嫋柳丝摇麴尘。

欲上兰亭却回棹，笑谈终觉愧清真。

惊蛰日雷

〔宋〕仇远

坤宫半夜一声雷，蛰户花房晓已开。

野阔风高吹烛灭，电明雨急打窗来。

顿然草木精神别，自是寒暄气候催。

惟有石龟并木雁，守株不动任春回。

惊蛰后雪访徐孟坚不遇坐待甚久

〔宋〕曹彦约

忽忽弄明珠，纷纷拥塞酥。

都忘春老大，复作冷工夫。

甲拆迟先达，芳菲约后图。

兴来还兴尽，呵手复须臾。

甲戌正月十四日书所见来日惊蛰节

〔宋〕张元干

老去何堪节物催，放灯中夜忽奔雷。

一声大震龙蛇起，蚯蚓虾蟆也出来。

义雀行和朱评事

〔唐〕贾岛

玄鸟雄雌俱，春雷惊蛰余。

口衔黄河泥，空即翔天隅。

一夕皆莫归，哓哓遗众雏。

双雀抱仁义，哺食劳勠勠。

雏既逦迤飞，云间声相呼。

燕雀虽微类，感愧诚不殊。

禽贤难自彰，幸得主人书。

菩萨蛮·春雨

〔宋〕萧汉杰

春愁一段来无影。著人似醉昏难醒。

烟雨湿阑干。杏花惊蛰寒。

唾壶敲欲破。绝叫凭谁和。

今夜欠添衣。那人知不知。

有怀正仲还雁峰诗

〔宋〕舒岳祥

松声夜半如倾瀑，忆坐西斋共不眠。

一鼓轻雷惊蛰后，细筛微雨落梅天。

临流欲渡还休笑，送客归来始惘然。

掩卷有谁知此意，一窗新绿待啼鹃。

山房

〔宋〕陈允平

轩窗四面开，风送海云来。

一阵催花雨，数声惊蛰雷。

蜗涎明石凳，蚁阵绕山台。

此际衣偏湿，熏笼著麝煤。

水龙吟 · 寿族父瑞堂是日惊蛰
〔元〕吴存

今朝蛰户初开，一声雷唤苍龙起。

吾宗仙猛，当年乘此，遨游人世。

玉颊银须，胡麻饭饱，九霞觞醉。

爱青青门外，万丝杨柳，都捻作、长生缕。

七十三年闲眼，阅人间几多兴废。

酸咸嚼破，如今翻觉，淡中有味。

总把余年，栽松长竹，种兰培桂。

待与翁同看，上元甲子，太平春霁。

秦楼月 · 浮云集
〔宋〕范成大

浮云集。

轻雷隐隐初惊蛰。

初惊蛰。

鹁鸠鸣怒，绿杨风急。

玉炉烟重香罗浥。

拂墙浓杏燕支湿。

燕支湿。

花梢缺处，画楼人立。

观田家
〔唐〕韦应物

微雨众卉新，一雷惊蛰始。

田家几日闲，耕种从此起。

丁壮俱在野，场圃亦就理。

归来景常晏，饮犊西涧水。

饥劬不自苦，膏泽且为喜。

仓廪无宿储，徭役犹未已。

方惭不耕者，禄食出闾里。

春分

春耕大忙，欣欣向荣

春风　[清]　袁枚
春风如贵客，一到便繁华。
来扫千山雪，归留万国花。

海棠

春分时节

高长青

好像情窦初开的少女，
柳丝轻盈舞动婀娜多姿；
好似一枝红杏沾春雨，
绽放在春风里，娇艳欲滴。

正值堂前双燕衔春泥，
桃枝烂漫荡漾浓情蜜意；
恰似一池春水泛涟漪，
徜徉在明媚的十里河堤。

春日中分，和风化细雨，
吸一吸泥土新翻的气息，
尝一尝鲜嫩新生的春菜，
相约一场最美的相遇。

春分时节

作词：高长青
作曲：刁　勇

1=D　4/4

♩=92

$\widehat{1\ 2}$ 3 5 $\widehat{6\ 5}$ 3 | 2 $\overset{3}{\underset{5}{}}$ $\widehat{2\ 3}$ 1 - | $\widehat{1\ 2}$ 3 $\widehat{1\ \dot{1}}$ 7 $\widehat{6\ 6}$ |

好　像　情　窦　初　开　的　少　女，　柳　丝　轻　盈
正　值　堂　前　双　燕　衔　春　泥，　桃　枝　烂　漫

$\widehat{5\ 6\ 5}$ $\widehat{5\ 1}$ 3 2. | $\widehat{1\ 2}$ 3 5 $\widehat{6\ 5}$ 6 | $\dot{1}\ \dot{1}$ $\widehat{2\ \dot{1}}$ $\overset{5}{\underset{6}{}}$ - |

舞　动　婀　娜　多　姿；　好　似　一　枝　红　杏　沾　春　雨，
荡　漾　浓　情　蜜　意；　恰　似　一　池　春　水　泛　涟　漪，

$5\ \dot{1}$ $\widehat{6\ 5}$ $\widehat{5\ 6}$ $\widehat{5\ 3}$ | 2 $\overset{3}{\underset{5}{}}$ $\widehat{2\ 3}$ 1 - ‖: 3 2 $\widehat{3\ 5}$ 5 - |

绽　放　在　春　风　里，娇　艳　欲　　滴。　春　日　中　分，
徜　徉　在　明　媚　的　十　里　河　堤。

$\dot{1}\ 7$ $\widehat{\dot{1}\ 2}$ $\overset{5}{\underset{6}{}}$ - | $5\ \dot{1}$ $\widehat{6\ 5}$ $\widehat{5\ 6}$ 3 | 4 3 $\widehat{4\ 5}$ 2 - |

和　风　化　细　雨，　吸　一　吸　泥　土　新　翻　的　气　息，

3 2 $\widehat{3\ 5}$ $\widehat{6\ 5}$ 6 | $\dot{1}\ 7$ $\widehat{\dot{1}\ 2}$ 6 - | $5\ \dot{1}$ 6 $\widehat{5\ 6}$ 3 |

尝　一　尝　鲜　嫩　新　生　的　春　菜，　相　约　一　场

2 $\overset{3}{\underset{5}{}}$ $\widehat{2\ 3}$. 1 - ‖ $5\ \dot{1}$ 6 $\widehat{5\ 6}$ 3 | 2 $\overset{3}{\underset{5}{}}$ $\widehat{2\ 3}$. 3 - ‖

最　美　的　相　遇。　　相　约　一　场　最　美　的　相
　　　　　　　　　D.C.　D.S.

1 - - - | 1 - - - | 1 0 0 0 ‖

遇。

春分
CHUN FEN
物候特征

　　春分，是春季的第四个节气，又名仲春之月。每年公历3月19日至22日，太阳黄经达0°时为春分。《月令七十二候集解》记载："二月中，分者半也，此当九十日之半，故谓之分。"《春秋繁露·阴阳出入上下篇》说："春分者，阴阳相半也，故昼夜均而寒暑平。"此日太阳直射赤道，南北半球昼夜平分。其后，太阳直射位置由赤道向北半球推移，北半球开始昼长夜短，南半球则昼短夜长。

　　春分的含义，一是指这天昼夜平分，各为12小时；二是指春分正当春季（立春至立夏）三个月之中，平分了春。

春分三候

一候｜玄鸟至

　　玄鸟，指的是燕子。春分时节，燕子北迁，衔草含泥，筑巢而居。

二候｜雷乃发声

　　春分时节，常闻雷声。

三候｜始电

　　春分时节，雷鸣时常常伴着闪电的出现。

春分花信风

一候海棠，二候梨花，三候木兰。

吃春菜

在岭南一带，春分时有吃春菜的风俗。春菜是一种野苋菜，乡人称之为"春碧蒿"。时逢春分，全村人都去采摘春菜。采回的春菜一般与鱼片一起滚汤，名曰"春汤"。有顺口溜道："春汤灌脏，洗涤肝肠。阖家老少，平安健康。"

粘雀子嘴

春分这天，有的农民家里要吃汤圆，还要把十多个或二三十个没有馅儿的汤圆煮好，用细竹叉扦好置于田边地坎，名曰粘雀子嘴，以免雀子来破坏庄稼。

送春牛

春分到，送出春牛图。用二开大小的红纸或黄纸印上全年农历节气，再印上农夫耕田图样，名曰"春牛图"。送图者一般都是能言擅唱者，主要说唱一些吉祥俗语，每到一家更是即景生情，说到主人高兴，给钱为止。说唱词虽随口而出，却句句动听，有韵律。这一习俗即"说春"，说春人被称为"春官"。

竖蛋

"春分到，蛋儿俏"，选择一个光滑匀称，刚产出四五天的新鲜鸡蛋，在桌子上轻轻地把它竖起来。虽然失败者颇多，但成功者也不少。春分成了玩竖蛋游戏的最佳时间。

春分
CHUN FEN
风俗习惯

春分
CHUN FEN
饮食起居

春分一到，大自然中的阳气渐升，和阴气正好相等。此时，饮食起居最重要的也是保持人体的阴阳平衡，讲求"平和"，以和为贵，以平为期。

晚睡早起加午睡

春分时节，人们在睡眠上要保持"晚睡早起"的习惯。但是早起并不意味着要特别早，古代医家认为早起不要早于鸡鸣之时。早起之后，可以到户外跑步或打太极、八段锦，让人体的气血流通起来。情绪舒畅，赏心怡情，才能与"春生"之机相适应。晚上可以晚睡一些，不必刻意熬夜。

中午，为缓解春困，可适当午睡一会儿，时间不宜过长，30分钟以内即可。总之，优质的睡眠是阴，适量的运动是阳，如此人体阴阳互补，则可阴阳调和。

食甘温少滋腻

春分属仲春，此时人们肝气旺，肾气微，故在饮食方面要少酸增辛，助肾补肝。同时，由于肝气旺，易克脾土，因此要注意添加一些甘味食物滋补脾胃，健脾祛湿。

下厚上薄防春寒

春分时节，春寒时作，且此时天地阳气尚不充沛，人体阳气也尚未健旺，人体受凉后易出现头痛、腹痛、腹泻等症状。穿衣上可以下厚上薄，注意下肢的保暖，最好能够微微出汗，以散去冬天潜伏在人体的寒邪。

躲避紫外线

一般只有到了炎炎夏日，人们才会想起紫外线的存在。其实在春季，紫外线就已经开始对皮肤造成伤害，尤其是在中午十一点至下午三点这段时间，紫外线的强度较高。紫外线很容易促使雀斑的生成、黑色素的沉积，因此防晒很重要。

春分
CHUN FEN
农时农事

北方少雨的地区要抓紧春灌，浇好拔节水，施好拔节肥，注意防御晚霜冻害。江南地区早稻育秧和江淮地区早稻薄膜育秧已经开始。早春天气变化频繁，要注意在冷空气来临时浸种催芽，冷空气结束时抢晴播种。种植油菜要加强田间管理，重点防控菌核病、霜霉病等病害。大棚番茄、辣椒、茄子、黄瓜开始定植。地膜或露地提早栽培的西瓜，开始在小拱棚内育苗。

春分

谚语俗语

春分有雨到清明，清明下雨无路行

春分雨不歇，清明前后有好天

春分阴雨天，春季雨不歇

春分降雪春播寒

春分无雨划耕田

春分有雨是丰年

春分不暖，秋分不凉

春分不冷清明冷

春分前冷，春分后暖；春分前暖，春分后冷

春分西风多阴雨

春分刮大风，刮到四月中

春分刮北风，果树挂银瓶

春分大风夏至雨

春分南风，先雨后旱

春分早报西南风，台风虫害有一宗

春分秋分，昼夜平分

吃了春分饭，一天长一线

春分分芍药，到老花不开；秋分分芍药，花儿开不败

春分时节，果树嫁接

春分天暖花渐开，马驴牛羊要怀胎

春分有雨家家忙，先种瓜豆后插秧

春分前好布田，春分后好种豆

春分前后，大麦豌豆

麦过春分昼夜忙

春分节到不能让，地瓜母子快上炕

春分豆苗粒粒伸

春分

CHUN FEN

古代诗词

春分日
〔宋〕徐铉

仲春初四日，春色正中分。

绿野徘徊月，晴天断续云。

燕飞犹个个，花落已纷纷。

思妇高楼晚，歌声不可闻。

春分与诸公同宴呈陆三十四郎中
〔唐〕武元衡

南国宴佳宾，交情老倍亲。

月惭红烛泪，花笑白头人。

宝瑟常馀怨，琼枝不让春。

更闻歌子夜，桃李艳妆新。

村行
〔唐〕杜牧

春半南阳西，柔桑过村坞。

娉娉垂柳风，点点回塘雨。

蓑唱牧牛儿，篱窥蒨裙女。

半湿解征衫，主人馈鸡黍。

隋堤柳
〔唐〕翁承赞

春半烟深汴水东，黄金丝软不胜风。

轻笼行殿迷天子，抛掷长安似梦中。

春半与群公同游元处士别业
〔唐〕岑参

郭南处士宅，门外罗群峰。

胜概忽相引，春华今正浓。

山厨竹里爨，野碓藤间舂。

对酒云数片，卷帘花万重。

岩泉嗟到晚，州县欲归慵。

草色带朝雨，滩声兼夜钟。

爱兹清俗虑，何事老尘容。

况有林下约，转怀方外踪。

江上雨寄崔碣
〔唐〕杜牧

春半平江雨，圆文破蜀罗。

声眠蓬底客，寒湿钓来蓑。

暗澹遮山远，空濛著柳多。

此时怀旧恨，相望意如何。

上阳宫
〔唐〕罗邺

春半上阳花满楼，太平天子昔巡游。

千门虽对嵩山在，一笑还随洛水流。

深锁笙歌巢燕听，遥瞻金碧路人愁。

翠华却自登仙去，肠断宫娥望不休。

寻九华王山人
〔唐〕杨夔

下马扣荆扉，相寻春半时。

扪萝盘磴险，叠石渡溪危。

松夹莓苔径，花藏薜荔篱。

卧云情自逸，名姓厌人知。

二月二十七日社兼春分端居有怀简所思者
[唐] 权德舆

清昼开帘坐，风光处处生。
看花诗思发，对酒客愁轻。
社日双飞燕，春分百啭莺。
所思终不见，还是一含情。

偷声木兰花 · 春分遇雨
[宋] 徐铉

天将小雨交春半，谁见枝头花历乱。
纵目天涯，浅黛春山处处纱。
焦人不过轻寒恼，问卜怕听情未了。
许是今生，误把前生草踏青。

癸丑春分后雪
[宋] 苏轼

雪入春分省见稀，半开桃李不胜威。
应惭落地梅花识，却作漫天柳絮飞。
不分东君专节物，故将新巧发阴机。
从今造物尤难料，更暖须留御腊衣。

少年游 · 小楼归燕又黄昏
[宋] 杜安世

小楼归燕又黄昏。寂寞锁高门。
轻风细雨，惜花天气，相次过春分。
画堂无绪，初燃绛蜡，罗帐掩余薰。
多情不解怨王孙，任薄幸、一从君。

清明【唐】杜牧

清明时节雨纷纷，路上行人欲断魂。

借问酒家何处有，牧童遥指杏花村。

清明

清明断雪 谷雨断霜

紫藤

二十四节气组歌 | 歌词曲谱 |

清明时节

高长青

禁烟火，吃寒食，
多少思念化作纷纷雨。
念念不忘你的叮咛期许，
故人已去，守候终成往事。

纸鸢飞，秋千起，
岁月静好，花落化春泥。
太平盛世如你所愿所期，
丰碑永铸，历史不会忘记。

清明的风，清明的雨，
天地清明，春光最盛时，
多少别离，多少记忆，
人间清明，希望生生不息。

清明时节

作词：高长青
作曲：刁　勇

1=♭E　4/4

♩= 66

```
5    1 2  ²3 -  | 2    2 3  5. -  | 6. 6 6. 6 1  2 2 2 3  2  |
禁    烟 火,    吃    寒 食,      多少 思念 化   作
纸    鸢 飞,    秋    千 起,      岁月 静好 花   落

2 1   6. 3 -  | 3 3   5 5  5 1  | 2 3   1  6. -  |
纷    纷 雨。    念念 不忘 你的    叮咛 期 许,
化    春 泥。    太平 盛世 如你    所愿 所 期,

2 2 3 2 3 6. ¹2. 2 3 | 5 5  6. ²1 - : ‖: 5  6. 3  5 - |
故人 已 去,守候 终成 往事。         清 明 的风,
丰碑 永 铸,历史 不会 忘记。

7  6. 3  ³5 -  | 6 6  6 4  4 3  | 2. 1  3 -  |
清 明 的雨,    天地 清明 春光 最   盛 时,

2 2   3 6. 2 -  | 5 5  7 5  3 -  | 4 4  4 5  6. 6 1 |
多少 别 离,    多少 记忆,    人间 清明, 希望

7 7   7 5 -  | 0 5 5  2 1 2  | 1 - - -  ‖
生生 不 息。    生生 不 息。
                              D. C.
                              D. S.

0 6  6. 6 -  | 5 - - - | 5 - - - ‖
生生 不 息。
```

清明
QING MING
物候特征

清明，春季的第5个节气。每年公历4月4日至6日，太阳黄经达15°时为清明。汉朝刘安所作的《淮南子·天文训》中有"春分后十五日，斗指乙，则清明风至"的记载。

清明时节阳光明媚、草木萌动、气清景明、万物皆显，自然界呈现生机勃勃的景象。时至清明，在我国南方地区气候已清爽温暖，大地呈现春和景明之象；在北方地区也开始断雪，渐渐进入阳光明媚的春天。

清明节又叫踏青节，在仲春与暮春之交，冬至后的第108天。"清明"兼具自然与人文两大内涵，既是自然节气点，是中国的传统节日，也是最重要的祭祀节日之一，是祭祖和扫墓的日子。中华民族传统的清明节大约始于周代，距今已有两千五百多年的历史。

清明前一二日，禁烟火，吃冷食，名曰"寒食节"。

清明三候

一候 | 桐始华
清明时节，桐花渐渐开放。

二候 | 田鼠化为鹌鹑
清明五日后，阳气渐盛，喜阴的田鼠躲回洞中，而喜阳的鹌鹑活动增加，古人误以为鹌鹑由田鼠变化而成。

三候 | 虹始见
清明时节，雨水常有，初见霓虹。

清明花信风

一候桐花，二候麦花，三候柳花。

清明
QING MING
风俗习惯

扫墓祭祖

清明扫墓，即"墓祭"，谓之对祖先的"思时之敬"。清明之祭主要祭祀祖先，表达祭祀者的孝道和对先人的思念之情，是礼敬祖先、慎终追远的一种文化传统。清明节祭祖，按照习俗，一般在清明节的上午出发，扫墓时，人们要携带酒食果品、纸钱等物品到墓地，将食物供祭在先人墓前，再将纸钱焚化，为坟墓培上新土，或折几枝嫩绿的新枝插在坟上，然后叩头行礼拜祭。

放风筝

清明的风很适合放风筝。古人相信放风筝可以放走自己的秽气。所以很多人在清明节放风筝时，将自己知道的所有灾病都写在纸鸢上，等风筝放高时，就剪断风筝线，让纸鸢随风飘逝，象征着自己的疾病、秽气都让风筝带走了。

拔河

拔河，早期叫"牵钩""钩强"，唐朝始叫"拔河"。它发明于春秋后期，开始时盛行于军中，后来流传于民间。唐玄宗时，曾在清明时举行大规模的拔河比赛，从那时起，拔河成为清明习俗的一部分。

插柳

清明时节杨柳发芽抽绿，民间有折柳、戴柳、插柳的习俗。唐人认为在河边祭祀时，头戴柳枝可以摆脱毒虫的伤害。宋元以后，人们踏青归来，往往在家门口插柳以避免虫疫。

荡秋千

秋千，意即揪着皮绳而迁移。最早叫千秋，后改为秋千。秋千之戏在南北朝时已经流行。《荆楚岁时记》记载："春时悬长绳于高木，士女衣彩服坐于其上而推引之，名曰打秋千。"唐代荡秋千已经是很普遍的游戏，并且成为清明节习俗的重要内容。古时的秋千多用树的树杈为架，再拴上彩带做成，后来逐步发展为用两根绳索加上踏板的秋千。秋千不仅可以增进健康，而且可以培养勇敢的精神，至今仍为人们特别是儿童所喜爱。

清明
QING MING
饮食起居

清明节气处在仲春与暮春之交，此时万物皆显、草木吐绿，就连流转于这一时期天地之间的阳气，也是清新的阳气。立春之后人体内的肝气随着春日渐深而愈盛，在清明之际达到最旺。因此，清明是养肝的好时机。

晚睡早起

为了使阳气更好地生发，在清明时节，人们应有意识地顺时而为调整作息，早点起床。早晨七点至九点是辰时，此时属胃经最旺，如不早起会导致阳气欲发而不能发，化为内火上扰心肺及脑，可引起心躁、喉干、头昏、目浊等不适。

锻炼选在十点后

在春季，一些人会选择起早锻炼身体，其实这样是不对的。因为春天的早晨过于冷，如果想锻炼的话，可以选择在上午的十点和下午的四点左右。需注意，应该选择轻柔和缓的运动项目，比如：快走、慢跑、散步等，不要进行剧烈运动，否则会使经过冬天严酷气候而变得脆弱的器官更容易受损。

清明继续捂

民间有一条保健谚语"春捂秋冻"，这是为适应频繁的冷暖变化与较强的风力，以及适应早晚室内外温差而总结出的规律。清明节气期间，气温升降无常，晴雨不定，建议不要过早地脱掉棉衣，至少在外出的时候，携带一件厚衣服，以备不时之需。对于原本患有消化系统疾病或是风湿性关节炎、类风湿性关节炎的人群，若因受凉而出现不适，可在汤羹或米粥中，加一些温中健脾、散寒利湿之品。

减甘增辛

清明节后已进入暮春，气温升高，人体也因阳气升动而向外疏发，体内外阴阳不平衡，人们气血运行波动较大，故应慎食"发物"。诸如海鲜、羊肉、狗肉，以及香菜、茴香、大葱、生姜、白酒等，尽量少吃，防止诱发旧疾。可适当食用一些红枣、枸杞子、豆制品、鸡鸭鱼肉等补血养肝，以及荠菜、菠菜、油菜、芥蓝、芹菜等和中通腑的食物。同时要注意，寒凉伤脾困湿的食物均不宜多吃，特别要保护好脾胃的正常功能。

清明
QING MING
农时农事

清明过后，作物进入生长的关键时段，应加强作物的田间肥水管理，注意做好作物田间的清沟排水工作，防止或减轻涝渍灾害。油菜已进入花期，要加强施肥管理，可选择有利时机喷施2~3次足量的硼肥，提高油菜的结荚率。小麦开始进入开花、灌浆期，应该注意水量的调节，防止水分过大引起落花，在小麦扬花期应根据情况追施一定量的速效氮肥，以满足小麦后期生长对养分的需求。

清明种瓜，船装车拉　　　　　　春雨落清明，明年好年景
清明要晴，谷雨要雨　　　　　　三月里来是清明，一场雨来一场风
清明刮坟土，庄稼汉真受苦　　　清明有雾，夏秋有雨
二月清明一片青，三月清明草不生　清明断雪，谷雨断霜
水涨清明节，洪水涨一年　　　　清明前后怕晚霜，天晴无风要提防
清明暖，寒露寒　　　　　　　　清明要雨，谷雨要淋
清明有雨麦苗肥，谷雨有雨好种棉　雨打清明节，阴雨连绵四十五
清明有雨春苗壮，小满有雨麦头齐　麦怕清明霜，谷要秋来早
清明前后雨纷纷，麦子一定好收成　稻怕寒露一夜霜，麦怕清明连放雨
清明雨渐增，天天好刮风　　　　清明到，麦苗喝足又吃饱
清明种瓜，立夏开花　　　　　　清明晴鱼上高坪，清明雨鱼埠下死
清明雨涟涟，一年好种田　　　　清明不戴柳，红颜成皓首
雨下清明节，天旱四五月　　　　阴雨下了清明节，断断续续三个月

清明

谐语俗语

清明
古代诗词
QING MING

清江引·清明日出游
〔明〕王磐

问西楼禁烟何处好？绿野晴天道。

马穿杨柳嘶，人倚秋千笑，

探莺花总教春醉倒。

闾门即事
〔唐〕张继

耕夫召募逐楼船，春草青青万顷田；

试上吴门窥郡郭，清明几处有新烟。

送陈秀才还沙上省墓
〔明〕高启

满衣血泪与尘埃，乱后还乡亦可哀。

风雨梨花寒食过，几家坟上子孙来？

苏堤清明即事
〔宋〕吴惟信

梨花风起正清明，游子寻春半出城。

日暮笙歌收拾去，万株杨柳属流莺。

长安清明言怀
〔唐〕顾非熊

明时帝里遇清明，还逐游人出禁城。

九陌芳菲莺自啭，万家车马雨初晴。

客中下第逢今日，愁里看花厌此生。

春色来年谁是主，不堪憔悴更无成。

郊行即事
〔宋〕程颢

芳原绿野恣行时，春入遥山碧四围。

兴逐乱红穿柳巷，困临流水坐苔矶。

莫辞盏酒十分劝，只恐风花一片飞。

况是清明好天气，不妨游衍莫忘归。

清明日与友人游玉粒塘庄
〔唐〕来鹄

几宿春山逐陆郎，清明时节好烟光。

归穿细荇船头滑，醉踏残花屐齿香。

风急岭云飘迥野，雨余田水落方塘。

不堪吟罢东回首，满耳蛙声正夕阳。

清明
〔宋〕王禹偁

无花无酒过清明，兴味萧然似野僧。

昨日邻家乞新火，晓窗分与读书灯。

清明日园林寄友人
〔唐〕贾岛

今日清明节，园林胜事偏。

晴风吹柳絮，新火起厨烟。

杜草开三径，文章忆二贤。

几时能命驾，对酒落花前。

寒食
〔唐〕韩翃

春城无处不飞花，寒食东风御柳斜。

日暮汉宫传蜡烛，轻烟散入五侯家。

寒食上冢
〔南宋〕杨万里

迳直夫何细！桥危可免扶？
远山枫外淡，破屋麦边孤。
宿草春风又，新阡去岁无。
梨花自寒食，时节只愁予。

洛阳清明日雨霁
〔唐〕李正封

晓日清明天，夜来嵩少雨。
千门尚烟火，九陌无尘土。
酒绿河桥春，漏闲宫殿午。
游人恋芳草，半犯严城鼓。

清明日忆诸弟
〔唐〕韦应物

冷食方多病，开襟一忻然。
终令思故郡，烟火满晴川。
杏粥犹堪食，榆羹已稍煎。
唯恨乖亲燕，坐度此芳年。

土膏脉动 雨生百谷

谷雨

见二十弟倡和花字漫兴五首·其一

〔宋〕黄庭坚

落絮游丝三月候，风吹雨洗一城花。

未知东郭清明酒，何似西窗谷雨茶。

牡丹

谷雨时节

高长青

雨生百谷萍满池，
新茶一壶待客至。
谷雨潇潇祭海祭仓颉，
谷雨初晴牡丹吐蕊时。

蚕虫初生密如蚁，
春日迟暮桑叶绿，
一江烟波满城杨柳絮，
四月播谷声声布谷啼。

春光渐逝，夏日将至，
桃红柳绿且珍惜，
无须伤春，莫生愁绪，
年年自有一首春的恋曲。

谷雨时节

作词：高长青
作曲：刁 勇

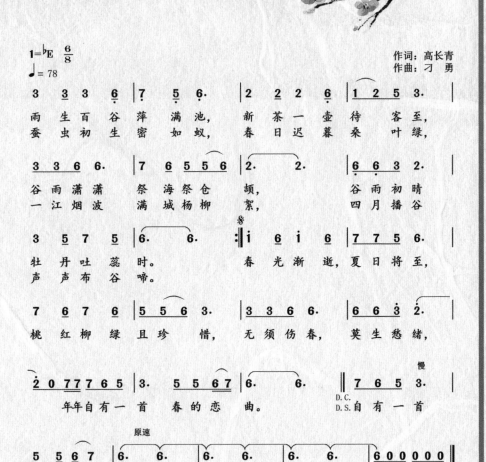

雨生百谷萍满池，新茶一壶待客至，
蚕虫初生密如蚁，春日迟暮桑叶绿，

谷雨潇潇 祭海祭仓颉， 谷雨初晴
一江烟波 满城杨柳絮， 四月播谷

牡丹吐蕊时。 春光渐逝，夏日将至，
声声布谷啼。

桃红柳绿且珍惜， 无须伤春， 莫生愁绪，

年年自有一首 春的恋 曲。 自有一首

春的恋 曲。

谷雨
GU YU
物候特征

谷雨，是春季的最后一个节气。每年公历 4 月 19 日至 21 日，太阳黄经达 30° 时为谷雨。《月令七十二候集解》记载："三月中，自雨水后，土膏脉动，今又雨其谷于水也。雨读作去声，如雨我公田之雨。盖谷以此时播种，自上而下也。"

谷雨是"雨生百谷"的意思。此时降水量明显增加，田中的秧苗初插，作物新种，最需要雨水的滋润。降雨量充足且及时，谷类作物就能苗壮成长。在我国南方地区，往往开始明显多雨，特别是华南地区，一旦冷空气与暖湿空气交汇，往往形成较长时间的降雨天气。

谷雨时节，我国南方地区柳絮飞落，杜鹃夜啼，樱桃红熟，大自然告诉人们：时至暮春，夏季要来了。

谷雨三候

一候｜萍始生
　谷雨时节，浮萍开始生长。

二候｜鸣鸠拂其羽
　布谷鸟在树上梳理羽毛，不时地发出"布谷布谷"的叫声，仿佛在提醒农人：要开始播种了。

三候｜戴胜降于桑
　戴胜鸟栖息在桑树上，意味着幼蚕即将出生。

谷雨花信风

一候牡丹，二候荼蘼，三候楝花。

祭仓颉

相传仓颉双瞳四目，非常聪明，是黄帝的左史官，象形字的创造者。在仓颉以前，人们结绳记事。

仓颉善于作画，尤喜观察鸟兽形迹和山川形貌，再进行绘画创作。他仰观日月星辰，俯瞰山川大地，旁观鸟兽鱼虫之迹、草木器具之形，细细揣摩。经过十几年的观察与整理，他终于创造出原始的象形字。

传说在仓颉造字成功的那一天，举国欢腾，感动了上苍，把谷子像雨一样哗哗地降下来，吓得鬼怪在夜里哭起来，《淮南子·本经训》记载："天雨粟，鬼夜哭。"人们将这天称为谷雨，以此感念仓颉。

祭海

谷雨时节海水变暖，各种海鱼都会游到浅海地带，正是下海捕鱼的好时机，所以俗话有"骑着谷雨上网场"之说。出海前，渔民都要进行海祭，祈祷海神保佑大家出海平安、满载而归。也正因为如此，谷雨节气成了渔民出海捕鱼的"壮行节"。

谷雨
GU YU
风俗习惯

谷雨

G U Y U

饮食起居

谷雨至，春已晚，万物生长渐旺，天气尚未尽热，而湿气已至。此时养生当以"柔肝、健脾、祛湿"为要，以助肝气生发，安然入夏。

防伤脾

谷雨时节，脾脏多运行旺盛，使胃强健起来，有助于营养的吸收。此时，适宜多吃健脾祛湿的食物，还可适当食用新鲜的野菜，以清热解毒、醒脾开胃。此外，还需注意细嚼慢咽，平日七分饱，不食冷，少食甜，少久坐，少思虑，不逞强，有空常按足三里。

防风湿

谷雨节气后，风湿顽疾容易复发。因此，在日常生活中要注意关节部位的保暖。建议平时不要久居潮湿之地，不要穿潮湿的衣服，洗浴后头发体肤要晾干、擦干后方可睡觉，未干时勿吹风淋雨。最好在天晴时多外出晒太阳。

防感冒

谷雨节气后，大风天气多见，气温波动得较大，早晚气温仍较低。此时，仍要适当"春捂"（以不出汗为宜），早出晚归者要注意及时增减衣服，尤其要注意：切勿大汗后吹风，以防感冒。

防过敏

谷雨时节春暖花开，杨柳飘絮，人们的室外活动增加，此时最易诱发过敏性花粉症、过敏性鼻炎、过敏性哮喘等过敏性疾病。因此，过敏性体质的人在这期间要特别注意防护。平日，可每天早晚用冷水洗鼻，顺便揉搓鼻翼，可改善鼻黏膜的血液循环，有助于缓解鼻塞、打喷嚏等症状。

谷雨 农时农事

谷雨前后，气温上升得较快的闽南、广西地区的小麦已成熟。谷雨前定植阳畦育苗的番茄、黄瓜、大白菜等作物，要覆盖地膜，促进缓苗，定植前7~10天要进行低温炼苗，以适应露地的生长。大棚内的黄瓜霜霉病、灰霉病和番茄灰霉病等病害，以及白粉虱、斑潜蝇、蚜虫等害虫开始活跃，露地种植的甘蓝、菜花的害虫——蚜虫、菜青虫也即将活跃，要及时采取防治措施。

谷雨

谚语俗语

谷雨麦怀胎，立夏长胡须

谷雨打苞，立夏龇牙，小满半截仁，芒种见麦茬

冰雹打麦不要怕，一棵麦子扩俩杈；加肥加水勤松土，十八天上就赶母

麦不封垄，松耪不停

风生火龙（红蜘蛛）雾生疸（锈病）

三月多雨，四月多疸

连续阴雨不停，小麦易生锈病

锄麦地皮干，麦子不上疸

谷雨种棉家家忙

棉花种在谷雨前，开得利索苗儿全

谷雨有雨棉花肥

谷雨有雨好种棉

谷雨种棉花，能长好疙瘩

清明早，小满迟，谷雨立夏正相宜

清明高粱谷雨花，立夏谷子小满薯

清明高粱接种谷，谷雨棉花再种薯

清明麻，谷雨花，立夏栽稻点芝麻

谷耩浅，麦耩深，芝麻只要隐住身

谷雨节到莫怠慢，抓紧栽种苇藕芡

谷雨麦挑旗，立夏麦头齐

谷雨花大把抓，小满花不回家

清明见芽，谷雨见茶

谷雨时节种谷天，南坡北洼忙种棉

谷雨下谷，不敢往后等

苞米下种谷雨天

谷雨麦挺直，立夏麦秀齐

谷雨
古代诗词

谢中上人寄茶
〔唐〕齐己

春山谷雨前，并手摘芳烟。
绿嫩难盈笼，清和易晚天。
且招邻院客，试煮落花泉。
地远劳相寄，无来又隔年。

老圃堂
〔唐〕曹邺

邵平瓜地接吾庐，谷雨干时偶自锄。
昨日春风欺不在，就床吹落读残书。

春中途中寄南巴崔使君
〔唐〕周朴

旅人游汲汲，春气又融融。
农事蛙声里，归程草色中。
独惭出谷雨，未变暖天风。
子玉和予去，应怜恨不穷。

题伍彬屋壁
〔唐〕廖融

圆塘绿水平，鱼跃紫莼生。
要路资无力，深村老退耕。
犊随原草远，蛙傍堑篱鸣。
拨棹茶川去，初逢谷雨晴。

谷雨
〔宋〕朱槔

天点纷林际，虚檐写梦中。
明朝知谷雨，无策禁花风。
石渚收机巧，烟蓑建事功。
越禽牢闭口，吾道寄天公。

尝茶次寄越僧灵皎
〔宋〕林逋

白云峰下两枪新，腻绿长鲜谷雨春。
静试恰如湖上雪，对尝兼忆剡中人。
瓶悬金粉师应有，筯点琼花我自珍。
清话几时搔首后，愿与松色劝三巡。

七言诗
〔清〕郑燮

不风不雨正晴和，翠竹亭亭好节柯。
最爱晚凉佳客至，一壶新茗泡松萝。
几枝新叶萧萧竹，数笔横皴淡淡山。
正好清明连谷雨，一杯香茗坐其间。

与崔二十一游镜湖，寄包，贺二公
〔唐〕孟浩然

试览镜湖物，中流到底清。
不知鲈鱼味，但识鸥鸟情。
帆得樵风送，春逢谷雨晴。
将探夏禹穴，稍背越王城。
府掾有包子，文章推贺生。
沧浪醉后唱，因此寄同声。

浣溪沙·红紫妆林绿满池
［南宋］仇远

红紫妆林绿满池，游丝飞絮两依依。

正当谷雨弄晴时。

射鸭矮阑苍藓滑，画眉小槛晚花迟。

一年弹指又春归。

谷雨后一日子大再有诗次其韵
［宋］王炎

花气浓于百和香，郊行缓辔聊翱翔。

壶中春色自不老，小白浅红蒙短墙。

平畴翠浪麦秋近，老农之意方扬扬。

吾侪饱饭幸无事，日繙芸简寻遗芳。

闲中更觉春昼长，酒酣耳热如清狂。

自怜藿食徒过计，袖手看人能踉跄。

谷雨
［明］方太古

春事阑珊酒病瘳，山家谷雨早茶收。

花前细细风双蝶，林外时时雨一鸠。

碧海丹丘无鹤驾，绿蓑青笠有渔舟。

尘埃漫笑浮生梦，岘首于今薄试游。

点绛唇·一朵千金
［宋］李铨

一朵千金，帝城谷雨初晴后。

粉拖香透，雅称群芳首。

把酒题诗，遐想欢如旧，花知否。

故人清瘦，长忆同携手。

立夏

雷雨增多　万物繁茂

《遵生八笺》句

［明］高濂

孟夏之日，
天地始交，
万物并秀。

芍药

二十四节气组歌 | 歌词曲谱

立夏时节

高长青

春意未尽，夏来无声，
芭蕉新绿，樱桃新红，
海棠花谢，蔷薇花繁盛，
初夏如初恋，不觉怦然心动。

春生夏长，万物葱茏，
习习温风，绿树荫浓，
池塘新荷，尖尖立蜻蜓，
初见似曾见，仿佛旧日光影。

酿一坛青梅酒，
摊一张槐花饼。
夏味浓勾起思乡情，
此时此刻寄托在朗朗星空。

立夏时节

作词：高长青
作曲：刁 勇

1=G 4/4 2/4

♩=92

5 5 6 5 3 - | 2 2 1 6 3 - | 1 1 6 5 1 1 0 5 |
春意未 尽， 夏来无 声， 芭蕉新绿,樱桃 新
春生夏 长， 万物葱 茏， 习习温风,绿树 荫

3/2 2 - - 0 | 3 5 5 6 5. 1 | 2 3 3 1 5/6 - |
红， 海棠花 谢， 蔷薇花繁盛，
浓， 池塘新 荷， 尖尖立蜻蜓，

2 2 6 3 2 2 3 | 5 5 2 1 - :‖ 0 1 1 2 3 5 6 |
初夏如初恋,不觉怦然 心 动。 酿一坛青梅
初见似曾见,仿佛旧日 光 影。

5 - - 0 | 0 6 6 5 1 2 3 | 2 - - 0 |
酒， 摊一张槐花 饼，

0 3 2 5 5 3 | 2. 3 3 2 1 - | 5 6 5 3 3 - |
夏味浓勾起思乡 情， 此时此刻

0 2 2 3 5 3 2 | 1 - - - ‖ 5 6 5 3 3 - |
寄托在朗朗星 空。 此时此刻
D.C.
D.S.

0 2 2 3 6 6 7 | 2/4 7 - | 5 - - - | 5 - - - ‖
寄托在朗朗星 空。

立夏

LI XIA

物候特征

立夏三候

一候｜蝼蝈鸣

立夏日，蝼蝈开始鸣叫。

二候｜蚯蚓出

立夏后五日，雨水丰盈，大气潮热，蚯蚓开始到地面活动。

三候｜王瓜生

王瓜的藤蔓开始快速攀爬生长。

立夏，是夏季的第一个节气。每年公历5月5日至7日（另一说法是5月5日或6日），太阳黄经达45°时为立夏。此时北斗七星的斗柄指向东南方。《月令七十二候集解》记载："立夏，四月节。立字解见春。夏，假也。物至此时皆假大也。"这里的"假"是"大"的意思，是说每年到了此时，春天播种的植物都开始长大。

我国幅员辽阔，各地自然节律不一。按气候学的标准，日平均气温稳定升达22℃以上为夏季开始，立夏前后，我国只有福州到南岭一线以南地区真正进入夏季。东北和西北的部分地区这时刚刚进入春季，全国大部分地区的平均气温在18～20℃，正是春意盎然的仲春和暮春时节。

立夏之后，江南地区进入梅雨季节，雨量显著增多；华南地区也进入了前汛期的盛期；在两广的珠江水系和福建的闽江水系，年最高水位往往出现在这一时段。

立夏
LI XIA
风俗习惯

立夏尝新

在江浙一带有"立夏尝新"的风俗。苏州有"立夏见三新"的习俗。"三新"指新熟的樱桃、青梅和麦子。人们先以这"三新"祭祖，然后食用。无锡有"立夏尝三鲜"的习俗。关于三鲜的说法不同，但一般可分为地三鲜、树三鲜、水三鲜。地三鲜指蚕豆、苋菜、黄瓜（或蒜苗），树三鲜指樱桃、杏子、枇杷（或青梅），水三鲜指螺蛳、河豚、鲥鱼（或鲳鱼、黄鱼）。

斗蛋游戏

古时人们认为，在立夏时吃鸡蛋，能经受住夏的考验，平安度过夏日。有谚语说"立夏吃蛋，石头踩烂"。

立夏称人

立夏时，人们在村口挂起一杆大木秤，秤钩上挂个凳子，大家坐到凳子上称人。据说，立夏时只要称过体重，就不怕暑热，百病全消。

立夏
LIXIA
饮食起居

　　过了立夏，就进入夏季了。夏季是一年里阳气最盛的季节，气候炎热而生机勃勃。对于人体来说，此时是新陈代谢旺盛的时期，阳气外发，伏阴在内，气血运行亦相应地旺盛起来。此时应顺应大自然阳盛阴虚的变化，重视静养。

慎起居

　　立夏以后，天气渐渐炎热起来，应晚睡早起，晚睡不应晚过晚上十一点。正午炎热时，人体血管扩张，使血液大量集中于体表。午饭后，消化道供血增多，大脑供血相对减少，人在午后常感到精神不振。因此，立夏后应养成午睡的习惯。研究表明：午睡能使体内激素分泌更趋平衡，降低冠心病的发病率。午睡的时间不宜太长，一般以 0.5~1 小时为宜。

淡饮食

　　夏季饮食调理以健脾和胃、益气生津为主。暑湿气盛，湿邪困脾，易阻碍脾之阳气。气温升高时人们就爱吃寒凉的食品，从而伤胃。因此，脾和胃在夏季最易受到损害。夏季饮食的原则是"增酸减苦，补肾助肝，调养脾胃"。饮食宜清淡，以低脂、易消化、富含纤维素的食物为主，可多吃蔬果、粗粮，如草菇、草莓、莲子、鸭蛋、玉米等。

加运动

　　立夏以后，随着气温的升高，人们容易出汗，汗为心之液，此时宜选择散步、慢跑、打太极拳等慢节奏的有氧运动，并在运动后适当饮温水。尽量到室外运动，最好选择清晨太阳出来后的1~2小时外出运动，此时阳光温和，空气清新，最为养人。

立夏
L I X I A
农时农事

　　立夏时节，夏收作物进入生长后期，冬小麦扬花灌浆，油菜开始成熟，水稻栽插及其他春播作物的管理也进入大忙季节。蔬菜作物要加强田间管理，适时施肥、除草和松土，以利其生长。南方阴雨连绵，往往会引起炭疽病、立枯病等病害的暴发，造成蔬菜大面积死苗、缺苗，应及时采取必要的增温降湿措施，并配合药剂加以防治。

立夏

谚语俗语

春争日，夏争时

立夏麦龇牙，一月就要拔

一穗两穗，一月入囤

麦秀风摇，稻秀雨浇

风扬花，饱塌塌；雨扬花，秕瞎瞎

立夏麦咧嘴，不能缺了水

麦旺四月雨，不如下在三月二十几

寸麦不怕尺水，尺麦却怕寸水

立夏前后天干燥，火龙往往少不了

立夏天气凉，麦子收得强

立夏日下雨，夏至少雨

豌豆立了夏，一夜一个杈

立夏大插薯

清明秫秫谷雨花，立夏前后栽地瓜

立夏芝麻小满谷

立夏不下雨，犁耙高挂起

立夏种绿豆

地头岩头坝窝头，春种芝麻秋打油

季节到立夏，先种黍子后种麻

立夏前后种络麻

立夏种麻，七股八杈

立夏日鸣雷，早稻害虫多

立夏种姜，夏至收"娘"

立夏栽稻子，小满种芝麻

四月插秧（早稻）谷满仓，五月插秧一场光

立夏雷，六月旱

立夏不热，五谷不结

立夏

LIXIA

古代诗词

立夏五首（其一）

[元] 方回

吾家正对紫阳山，南向宜添屋数间。

百岁十分已过八，只消无事守穷闲。

立夏

[宋] 陆游

赤帜插城扉，东君整驾归。

泥新巢燕闹，花尽蜜蜂稀。

槐柳阴初密，帘栊暑尚微。

日斜汤沐罢，熟练试单衣。

立夏

[宋] 赵友直

四时天气促相催，一夜薰风带暑来。

陇亩日长蒸翠麦，园林雨过熟黄梅。

莺啼春去愁千缕，蝶恋花残恨几回。

睡起南窗情思倦，闲看槐荫满亭台。

山中立夏用坐客韵

[宋] 文天祥

归来泉石国，日月共溪翁。

夏气重渊底，春光万象中。

穷吟到云黑，淡饮胜裙红。

一阵弦声好，人间解愠风。

读山海经（其一）

[晋] 陶渊明

孟夏草木长，绕屋树扶疏。

众鸟欣有托，吾亦爱吾庐。

既耕亦已种，时还读我书。

穷巷隔深辙，颇回故人车。

欢言酌春酒，摘我园中蔬。

微雨从东来，好风与之俱。

泛览周王传，流观山海图。

俯仰终宇宙，不乐复何如。

初夏

[宋] 朱淑真

竹摇清影罩幽窗，两两时禽噪夕阳。

谢却海棠飞尽絮，困人天气日初长。

早夏寄元校书

[唐] 司空曙

独游野径送芳菲，高竹林居接翠微。

绿岸草深虫入遍，青丛花尽蝶来稀。

珠荷荐果香寒簟，玉柄摇风满夏衣。

蓬荜永无车马到，更当斋夜忆玄晖。

晚晴

[唐] 李商隐

深居俯夹城，春去夏犹清。

天意怜幽草，人间重晚晴。

并添高阁迥，微注小窗明。

越鸟巢干后，归飞体更轻。

池上早夏
〔唐〕 白居易

水积春塘晚，阴交夏木繁。

舟船如野渡，篱落似江村。

静拂琴床席，香开酒库门。

慵闲无一事，时弄小娇孙。

立夏前一日登马氏山亭
〔宋〕 朱翌

百忧不到酒三行，万事尽休棋一枰。

梅子未黄先着雨，樱桃欲熟正防莺。

忽惊夏向明朝立，便恐春从此地更。

数蝶飞来花寂寞，乱蛙鸣处水纵横。

立夏日忆京师诸弟
〔唐〕 韦应物

改序念芳辰，烦襟倦日永。

夏木已成阴，公门昼恒静。

长风始飘阁，叠云才吐岭。

坐想离居人，还当惜徂景。

阮郎归·初夏
〔宋〕 苏轼

绿槐高柳咽新蝉。薰风初入弦。

碧纱窗下水沉烟。棋声惊昼眠。

微雨过，小荷翻。榴花开欲然。

玉盆纤手弄清泉。琼珠碎却圆。

小滿

雨量增大　小得盈滿

《月令七十二候集解》

四月中，

小满者，物至于此小得盈满。

月季

小满时节

高长青

小满天，雨如烟，
池莲青翠莺歌漫。
煮梅听雨，雨打屋檐，
绿纱窗前翠染竹千竿。

小满天，夏将半，
新麦灌浆榴花妍。
花看半开，酒饮半酣，
从容温婉平淡最清欢。

人生最美是小满，
万物随喜，万物心安。
小满将将好，一切刚刚好，
知足感恩，幸运常相伴。

小满时节

1 = D 4/4

♩ = 84

作词：高长青
作曲：刁 勇

3 5 3 5 5 - | 3 5 6 5 5 - | 6 i 6 5 i 6 5 3 |
小　满天，　　雨　如　烟，　　池莲青翠莺 歌
小　满天，　　夏　将　半，　　新麦灌浆榴 花

2 - - - | 3 3 5 2 3 5 - | 3 5 i 7 6 - |
漫，　　　　煮梅听 雨，　雨打屋 檐，
妍，　　　　花看半 开，　酒饮半 酣，

5 6 6 3 2 3 5 | 2 5 3 2 1 - | 3 5 i 7 6 - |
绿纱窗前翠 染 竹 千 竿。} 人 生 最 美
从容温婉平 淡 最 清 欢。

6 3 7 6 5 - | 6 6 6 5 3 1 6 | 5 6 3 2 - |
是　小　满，　万物随 喜，万物心 安。

3 3 5 2 3 5 - | 3 5 i 7 6 - | 5 5 6 5 6 3 2 2 5 |
小满 将将 好，　一切 刚刚 好，　知足感 恩，幸运

2 3 3 2 1 1 - ‖ 2 3 3 2 1 1 - | 1 - - - ‖
常　相　伴。　　　常　相　伴。
　　　　　　D.C.
　　　　　　D.S.

小满，是夏季的第二个节气。每年公历5月20日至22日，太阳黄经达60°时为小满。《月令七十二候集解》记载："四月中，小满者，物至于此小得盈满。"

小满时节，我国南方地区一般降雨多、雨量大。华南地区往往会出现持续大范围的强降水，甚至出现暴雨或特大暴雨；江南地区降雨量也比较充沛。此时，我国北方地区降雨很少，气温上升快，与南方的温差进一步缩小。

小满三候

一候 | 苦菜秀
　　小满时节，苦菜长得正盛，可以采食了。

二候 | 靡草死
　　一些枝条细软的草类在阳光下开始枯死。

三候 | 麦秋至
　　麦子成熟，可以收割了。

祭车神

我国江南一带有"小满动三车"的习俗，"三车"即水车、丝车、油车。此时，庄稼需要充足的水分，水车于小满时节启动。祭车神是一些农村地区的小满习俗。祭品中有白水一杯，祭拜时将其泼入田中，有祝水源涌旺之意。

吃苦菜

小满前后，是吃苦菜的时节。《周书》曰："小满之日苦菜秀。"小满时节，农作物籽粒开始饱满，还未成熟，但苦菜生长旺盛。古时人们常常在此时采食苦菜充饥。如今，人们吃苦菜是吃苦尝鲜。《本草纲目》记载："久服，安心益气，轻身、耐老。"医学上多用苦菜来治疗热症。

祭蚕神

相传小满为蚕神诞辰，因此江浙一带在小满节气有祈蚕节。我国南方以蚕丝为主要的纺织原料。蚕丝由蚕结茧抽丝而得，所以我国南方农村的养蚕业极为兴盛。

看麦梢黄

小满之后，麦子逐渐成熟。在关中平原，每年这时，出嫁的女儿都要到娘家去探望，问候夏收的准备情况。农谚云："麦梢黄，女看娘；卸了杠枷，娘看冤家。"意思是说，夏收前女儿过问娘家的夏收准备情况；夏收后母亲又去看望女儿，关心女儿在夏收中的操劳情况。

小　满
XIAO MAN
风俗习惯

小满
XIAO MAN
饮食起居

小满节气处在春夏相交之际，它既有春天万物生发的特点，又有夏天多雨热烈的特点。此时，大自然的阳气开始充实，达到"小满"的状态。因温热挟湿的气候特点，人体的阳气容易受损，体内湿气会增加，情绪会烦躁起来。此时，人们应该抓住时机，让体内的气血也达到"小满"的状态。

起居追太阳

小满时节昼长夜短，天早早就亮了，人们应见亮就起，以顺应阳气的充盛。夜晚可以稍稍晚睡一些，但也不应该晚过晚上十一点。小满时节睡好子午觉，有助于护阳养阴。此外，还应注意房间的通风情况。

着装不沾湿

小满时节气候还不稳定，时冷时热。此时最好能随着气温的变化适时增减衣物。着装以简单、舒适、能吸汗透气的棉质服装为好，若因雨水或汗水湿衣，还应及时更换，以免湿气诱发湿疹、痱子等皮肤病。

少吃剩菜剩饭

小满时节气温较高，隔夜食物易变质，会引发胃肠道疾病，要少吃或不吃剩菜、剩饭。饮食应以清淡为主。可常吃具有清利湿热作用的食物，如赤小豆、薏苡仁、绿豆、冬瓜、丝瓜、黑木耳、西红柿等，少吃酸涩辛辣、煎炸烧烤之物。

运动不大汗

"汗为津液"，小满时节气温渐高，人体出汗增多，易耗气伤津，损伤心阴。所以，此时运动不宜过度、大汗淋漓，但也不要久坐久卧。如果在运动的过程中出现头晕、心慌等不适，要马上停止运动，以免发生意外。运动出汗后要及时补充水分，可适量喝淡盐水。

小满后升温速度加快，降水增多，强对流天气也时有发生，要抓紧进行麦田虫害的防治工作，预防干热风和突如其来的雷雨大风、冰雹的袭击。我国南方地区宜抓紧进行水稻的追肥、除草，以及夏熟作物的收打和晾晒等工作。

小满

谚语俗语

小满小满，麦粒渐满

小满未满，还有危险

小满小满，还得半月二十天

小满不满，芒种开镰

小满天天赶，芒种不容缓

麦到小满日夜黄

小满三日望麦黄，小满十日满地黄

冷收麦，热进仓

灌浆足墒，粒饱穗方

麦黄不喜风，有风减收成

小满十八天，不熟自干

小满十八天，青麦也成面

小满十日见白面

小满割不得，芒种割不及

大麦上场小麦黄，豌豆在地泪汪汪

大麦不过小满，小麦不过芒种

小满见新茧

小满后，芒种前，麦田串上粮油棉

小满麦渐黄，夏至稻花香

麦到小满，稻（早稻）到立秋

小满芝麻芒种谷，过了立夏种黍黍

小满芝麻芒种豆，秋分种麦好时候

小满不起蒜，留在地里烂

小满桑葚黑，芒种小麦割

小满节无雨，黄梅节少雨

小满有雨豌豆收，小满无雨豌豆丢

小满
XIAO MAN
古代诗词

五绝·小满
[宋] 欧阳修

夜莺啼绿柳，皓月醒长空。
最爱垄头麦，迎风笑落红。

遣兴
[宋] 王之道

步屧随儿辈，临池得凭栏。
久阴东虹断，小满北风寒。
点水荷三叠，依墙竹数竿。
乍晴何所喜，云际远山攒。

小满后偶旱涂中祈雨四月
二十三日甘霖大霈
[清] 玄烨

凤夜愁怀春夏间，天时难信未怡颜。
平原晚麦纤茎槁，四野新禾旱色殷。
乍起云光连岭岫，先垂雨脚遍人寰。
共沾甘澍敷膏泽，民食方知稼穑艰。

十九弟生日
[宋] 项安世

西堂旧作春池梦，南国今逢小满天。
重四巧排黄阁印，百分宜泛紫金船。
夜闻素月初生涯，晓看丹枝已属贤。
万种春红都敛避，一庭槐日翠阴圆。

闲居杂兴
[明] 薛文炳

最爱江南小满天，樱桃烂熟海鱼鲜。
一声布谷啼残雨，松影半帘山日悬。

咏廿四气诗·小满四月中
[唐] 元稹

小满气全时，如何靡草衰。
田家私黍稷，方伯问蚕丝。
杏麦修镰钐，锄樱竖棘篱。
向来看苦菜，独秀也何为？

小满
[元] 元淮

子规声里雨如烟，润逼红绡透客毡。
映水黄梅多半老，邻家蚕熟麦秋天。

小满日口号
[明] 李昌祺

久晴泥路足风沙，杏子生仁楝谢花。
长是江南逢此日，满林烟雨熟枇杷。

缲车
[宋] 邵定翁

缫作缫车急急作，东家煮茧玉满镬，
西家捲丝雪满篝。
汝家蚕迟犹未箔，小满已过枣花落。
夏叶食多银瓷薄，待得女缫渠已著。
懒归儿，听禽言，一步落人后，百步输人先。
秋风寒，衣衫单。

晨征
〔宋〕巩丰

静观群动亦劳哉，岂独吾为旅食催。

鸡唱未圆天已晓，蛙鸣初散雨还来。

清和入序殊无暑，小满先时政有雷。

酒贱茶饶新而熟，不妨乘兴且徘徊。

吴门竹枝词四首·其四·小满
〔清〕王泰偕

调剂阴晴作好年，麦寒豆暖两周旋。

枇杷黄后杨梅紫，正是农家小满天。

村家四月词·其一
〔清〕查慎行

小满初过上簇迟，落山肥茧白于脂。

费他三幼占风色，二月前头早卖丝。

归田四时乐春夏二首·其二·夏
〔宋〕欧阳修

南风原头吹百草，草木丛深茅舍小。

麦穗初齐稚子娇，桑叶正肥蚕食饱。

老翁但喜岁年熟，饷妇安知时节好。

野棠梨密啼晚莺，海石榴红啭山鸟。

田家此乐知者谁，我独知之归不早。

乞身当及强健时，顾我蹉跎已衰老。

小满
〔唐〕刘长卿

昨夜玉盘沉大江，夜来忽梦荠麦香。

时人但只餐中饱，莫忘旧时苦菜黄。

夏物回收 谷可嫁种

时雨 〔宋〕陆游

时雨及芒种，四野皆插秧。
家家麦饭美，处处菱歌长。
老我成惰农，永日付竹床。
衰发短不栉，爱此一雨凉。
庭木集奇声，架藤发幽香。
莺衣湿不去，劝我持一觞。
即今幸无事，际海皆农桑。
野老固不穷，击壤歌虞唐。

萱草

芒种时节

高长青

芒种忙种，麦快收，稻可种。
螳螂生，鵙始鸣，反舌无声。
煮梅安苗，忙把花神送，
民俗民风应传承。

芒种忙种，应时节，遵时令。
杏子黄，麦上场，忙收忙耕。
颗粒归仓，抢收趁天晴，
机械人工齐出动。

多些敬畏，多些尊重，
珍惜每粒粮，深深悯农情。
一分耕耘，一分收获，
忙的是辛苦，种的是人生。

芒种时节

作词：高长青
作曲：刁 勇

1=♭E 2/4

♩=92

```
3 5 3 (3 5 3) | 3 5 3 (3 5 3) | 5 3  5. 6 | 5 3   2 |
芒 种 忙 种，  芒 种 忙 种，  麦 快 收，  稻 可 种，
芒 种 忙 种，  芒 种 忙 种，  应 时 节，  遵 时 令，

(5 3  5. 6 | 5 3  2) | 6 1 6  1. 2 | 1 5   6 |
麦 快 收，  稻 可 种。  螳 螂 生，  鵙 始 鸣，
应 时 节，  遵 时 令。  杏 子 黄，  麦 上 场，

3 5 1 | 2 — (| 3 5 1 | 2 —) |
反 舌 无 声。   反 舌 无 声。
忙 收 忙 耕。   忙 收 忙 耕。

1 1 1 5 | 6 — | 3 5 3 3 1 | 2 — | 6 1 6 1 3 |
煮 梅 安 苗，  忙 把 花 神 送，  民 俗 民
颗 粒 归 仓，  抢 收 趁 天 晴，  机 械 人

2 0 2 3 | 5 — | 5  5. 6 | 1 — | 1 0 |
风 应 传 承。   应 传 承。
工 齐 出 动。   齐 出 动。

3 5  5. 6 | 5 3. | 6 1  1. 2 | 1 6. | 6 6 6 5 |
多 些 敬 畏，  多 些 尊 重，  珍 惜 每 粒

1 6 — | 6 6 3 6 | 5 — | 3 5  5. 6 | 5 3. |
粮，  深 深 悯 农 情。  一 分 耕 耘，

6 1  1. 2 | 1 6. | 6 6 6 5 | 3 5. | 5 3 2 6 |
一 分 收 获，  忙 的 是 辛 苦，  种 的 是 人

1 — ‖ 6 6 5 3 | 3 — | 1 — | 1 — | 1 0 ‖
生。    种 的 是 人    生。
D.C.
D.S.
```

芒种
MANG ZHONG
物候特征

芒种三候

一候 | 螳螂生

　　螳螂，草虫也，饮风食露，感阴之气而生。

二候 | 鵙始鸣

　　鵙，伯劳鸟。喜阴的伯劳鸟开始在枝头出现，并且感阴而鸣。

三候 | 反舌无声

　　与伯劳鸟相反，能够学习其他鸟鸣叫的反舌鸟，却因感应到了阴气的出现而停止鸣叫。

　　芒种，是夏季的第三个节气，干支历午月的起始。北斗星斗柄指向"巳"，每年公历6月5日至7日，太阳黄经达75°时为芒种。据《月令七十二候集解》记载："五月节，谓有芒之种谷可稼种矣。"意指大麦、小麦等有芒作物的种子已经成熟，抢收已是迫在眉睫；与此同时，有芒的稻谷也正是播种的季节。所以，民间常说芒种"忙种"，忙收、忙种两头忙。芒种的到来预示着农民开始了忙碌的田间生活，既有收获的喜悦，也有播种的希望。

　　春争日，夏争时，"争时"即指这个时节的收种农忙。人们常说"三夏"大忙季节，即指忙于夏收、夏种和春播作物的夏季管理。

芒种
MANG ZHONG
风俗习惯

煮梅

传说煮梅的习俗起源于夏朝。三国时有"青梅煮酒论英雄"的典故。在南方，每年的五六月是梅子成熟的季节。青梅含有多种天然优质有机酸和丰富的矿物质，有增强人体免疫力等营养保健功能。但是，新鲜的梅子大多味道酸涩，难以直接入口，需加工后方可食用，这种加工过程便是煮梅。

送花神

古代，农历二月二在花朝节上迎花神。芒种已近五月间，百花开始凋残、零落，民间多在芒种日举行祭祀花神仪式，饯送花神归位，同时表达对花神的感激之情，盼望来年再次相会。

打泥巴仗

贵州东南部一带的侗族青年男女，每年芒种前后都要举办打泥巴仗节。当天，新婚夫妇由要好的男女青年陪同，集体插秧，边插秧边打闹，互扔泥巴。活动结束，检查战果，身上泥巴最多的，就是最受欢迎的人。

安苗

安苗是皖南的农事习俗活动，始于明初。芒种时节，种完水稻，为祈求秋天有个好收成，各地都要举行安苗祭祀活动。家家户户用新麦面蒸发包，把面捏成五谷六畜、瓜果蔬菜等形状，然后用蔬菜汁染上颜色，作为祭祀的供品，祈求五谷丰登、村民平安。

挂艾草

芒种节气正逢端午节前后，天气越来越热，蚊虫滋生，容易传染疾病，所以五月有"百毒之月"之称。家家户户在门楣上悬挂艾草、菖蒲等借以避邪驱毒。所以，古时又称五月为"蒲月"。

开犁节

浙江一些地区有"开犁节"，在芒种当天举办。当地流传着这样的传说：牛是天庭的司草官，因为同情人间饥荒，偷偷播下草籽，但结果导致野草疯长，农田被野草淹没使农人无法耕种。上天为了惩罚牛，指令其下凡犁田。

芒种
MANG ZHONG
饮食起居

"芒种至，盛夏始"，进入芒种节气，全国各地雨量逐渐充沛，气温显著升高，湿与热夹杂，是许多疾病的高发季。芒种后就是夏至，夏至一阴生，冬至一阳生。芒种到夏至是阳气逐渐旺盛的过程，同时也是阴气最为虚赢的时候。因此，芒种养生的关键在于：减少阴气消耗的同时滋养阳气。

把好睡眠关

芒种到夏至，要顺应夜短昼长的季节特征，别再教条地坚持早睡早起，加上气候炎热，很多人夜晚很难早入睡，既然昼长，索性就晚睡。《黄帝内经》中也强调，夏日应"夜卧早起，无厌于日"。此时，人体适当接受阳光照射，能顺应大自然阳气充盛的特点，利于人体气血运行、振奋精神。但是夏季阳光照射强烈，要避开太阳直射注意防暑。

芒种有三忌

一忌贪凉。

芒种后气温升高加快，为了散发体内的热能，此时人体毛孔扩张，出汗增多，若过度贪凉，易导致热伤风的发生。平时，开空调不要让室内温度低于26℃，进入空调房前，最好提前将汗擦干，以免机体忽冷忽热而致病。

二忌湿气。

随着降雨量的逐渐增多，湿热之气弥漫，人体易受湿气入侵，产生沉重、困乏、疲惫、口干、食欲不振等症状。中医认为，湿热困脾，因此饮食上要多吃一些健脾的食物，如山药、薏米、莲子、粳米粥等。

三忌熬夜。

夏季气温炎热、湿度增高，人的心脏负荷逐渐加重。这段时间也是心脑血管疾病高发的时节，要特别注意养心肺。平时要保持规律作息、少熬夜，避免情绪过于紧张。

饮食重除湿

芒种期间，气候闷热潮湿，暑令湿胜必多兼感，这种气候容易使人感到四肢困倦，萎靡不振。所以在此期间在饮食上应特别注意健脾胃、除湿热。

着装需透气

芒种时节气候湿热，应穿透气性好、吸湿性强的衣服，如棉布、丝绸、亚麻等制品。衣服颜色宜以浅色为主，穿浅色衣服较深色衣服可减少对自然界阳热的吸收。

芒种
MANG ZHONG
农时农事

芒种时节大麦、小麦等有芒作物逐步成熟，抢收十分急迫，此时也是晚谷、黍、稷等夏播作物播种的时节，民间又称"忙种"。东北地区谷子、玉米、高粱、棉花定苗，大豆、甘薯完成第一次铲耥，水稻除草、追肥，防治病虫害，做好防雹工作。华北地区麦田开始收割，夏收夏种同时展开，棉田治蚜、浇水、追肥加强管理。华南地区早稻追肥，中稻耘田追肥，晚稻播种；早玉米收获，早黄豆收获，晚黄豆播种。

芒种

谚语俗语

芒种芒种，连收带种

杏子黄，麦上场

芒种黍子夏至麻

芒种忙，麦上场

芒种谷，赛过虎

芒种落雨，端午涨水

芒种不种，过后落空

麦熟一晌，虎口夺粮

芒种不种，再种无用

收麦如救火，龙口把粮夺

芒种不开镰，不过三五天

芒种刮北风，旱断青苗根

芒种南风扬，夏季雨满塘

芒种火烧天，夏至雨满田

芒种雨涟涟，夏至要旱田

芒种怕雷公，夏至怕北风

芒种不下雨，夏至十八河

芒种热得很，八月冷得早

芒种不种高山谷，过了芒种谷不熟

夏季农活繁，做好收、种、管

大旱小旱，不过五月十三

五月十三，不雨直干

晚种一天，秸矮粒扁

机、畜、人，齐上阵，割运打轧快入囤

麦在地里不要笑，收到囤里才牢靠

芒种

MANG ZHONG

古代诗词

芒种后经旬无日不雨偶得长句
〔宋〕陆游

芒种初过雨及时，纱厨睡起角巾欹。

痴云不散常遮塔，野水无声自入池。

绿树晚凉鸠语闹，画梁昼寂燕归迟。

闲身自喜浑无事，衣覆熏笼独诵诗。

咏廿四气诗·芒种五月节
〔唐〕元稹

芒种看今日，螳螂应节生。

彤云高下影，鹍鸟往来声。

渌沼莲花放，炎风暑雨情。

相逢问蚕麦，幸得称人情。

龙华山寺寓居十首·其一
〔宋〕王之望

水乡经月雨，潮海暮春天。

芒种嗟无日，来年失有年。

人多蓬菜色，村或断炊烟。

谁谓山中乐，忧来百虑煎。

芒种后积雨骤冷三绝
〔宋〕范成大

梅黄时节怯衣单，五月江吴麦秀寒。

香篆吐云生暖热，从教窗外雨漫漫。

耕图二十一首·拔秧
〔宋〕楼璹

新秧初出水，渺渺翠毯齐。

清晨且拔擢，父子争提携。

既沐青满握，再栉根无泥。

及时趁芒种，散著畦东西。

梅雨五绝·其二
〔宋〕范成大

乙酉甲申雷雨惊，乘除却贺芒种晴。

插秧先插蚤籼稻，少忍数旬蒸米成。

春夏之交衰病相仍过芒种始健戏作
〔宋〕陆游

药里关心百不知，可怜笔砚锁蛛丝。

倒壶犹有暮春酒，开卷遂无初夏诗。

户外逢人惊隔阔，灯前顾影叹支离。

痴顽未伏常愁卧，鼓缶长谣乐圣时。

北固晚眺
〔唐〕窦常

水国芒种后，梅天风雨凉。

露蚕开晚簇，江燕绕危樯。

山趾北来固，潮头西去长。

年年此登眺，人事几销亡。

约客
〔宋〕赵师秀

黄梅时节家家雨，青草池塘处处蛙。

有约不来过夜半，闲敲棋子落灯花。

草生芒种后
〔唐〕寒山

山中何太冷，自古非今年。

沓嶂恒凝雪，幽林每吐烟。

草生芒种后，叶落立秋前。

此有沈迷客，窥窥不见天。

耕图二十三首·其十·插秧
〔清〕胤禛

令序当芒种，农家插莳天。

倏分行整整，停看影芊芊。

力合闻歌发，栽齐听鼓前。

一朝千顷遍，长日正如年。

观刈麦
〔唐〕白居易

田家少闲月，五月人倍忙。

夜来南风起，小麦覆陇黄。

妇姑荷箪食，童稚携壶浆，

相随饷田去，丁壮在南冈。

足蒸暑土气，背灼炎天光，

力尽不知热，但惜夏日长。

复有贫妇人，抱子在其旁，

右手秉遗穗，左臂悬敝筐。

听其相顾言，闻者为悲伤。

家田输税尽，拾此充饥肠。

今我何功德，曾不事农桑。

吏禄三百石，岁晏有余粮。

念此私自愧，尽日不能忘。

夏至

暑气日盛 梅雨延绵

夏至避暑北池　〔唐〕韦应物

昼晷已云极，宵漏自此长。
未及施政教，所忧变炎凉。
公门日多暇，是月农稍忙。
高居念田里，苦热安可当。
亭午息群物，独游爱方塘。
门闭阴寂寂，城高树苍苍。
绿筠尚含粉，圆荷始散芳。
于焉洒烦抱，可以对华觞。

百合

夏至时节 | 高长青

凉皮凉粉夏凉面，
梅酸桃鲜西瓜甜。
寻一处清幽，觅一份清闲，
过一个有滋有味的夏天。

听雨听风听鸣蝉，
赏竹赏月赏红莲。
与夏木葱茏，若夏花绚烂，
过一个有声有色的夏天。

吃过夏至面，一天短一线，
长长的夏天，懒懒的夏天。
遥远的夏夜，外婆的故事讲不完，
还有那摇啊摇、摇不停的芭蕉扇。

夏至时节

作词：高长青
作曲：刁 勇

1=F 2/4

♩=112

3̲2̲ 3 | 3 6̲1̲ | 1̲6̲ 1̲2̲ | 2 5· | 1̲6̲ 1 | 3̲2̲ 3 |
凉 皮 凉 粉 夏 凉 面， 梅 酸 桃 鲜

5̲3̲ 3̲1̲ | 2 - | 3̲3̲ 3̲2̲ | 5 - | 3̲2̲ 2̲5̲ | 6· |
西 瓜 甜， 寻 一 处 清 幽， 觅 一 份 清 闲，

6̲·6̲ 5̲ | 5̲5̲ 5̲3̲ | 2̲ 2̲3̲ | 3 1· | 1 - | 3 6̲1̲ |
过 一 个 有 滋 有 味 的 夏 天。 听 雨

3̲2̲ 3 | 5̲3̲ 3̲1̲ | 2 - | 5̲·6̲ 1̲ | 2̲3̲ 2 | 5̲6̲ 6̲5̲ |
听 风 听 鸣 蝉， 赏 竹 赏 月 赏 红

3 - | 3̲3̲ 3̲2̲ | 5 - | 2̲2̲ 2̲1̲ | 6 - | 6̲·6̲ 5̲ |
莲， 与 夏 木 葱 茏， 若 夏 花 绚 烂， 过 一 个

5̲5̲ 5̲3̲ | 2̲ 2̲3̲ | 3 1· | 1 - | 5̲5̲ 5̲3̲ | 5 - |
有 声 有 色 的 夏 天。 吃 过 夏 至 面，

6̲6̲ 3̲6̲ | 5 - | 6̲ 6̲ | 6̲5̲ 6̲ | 5̲5̲ 5̲3̲ | 2 - |
一 天 短 一 线， 长 长 的 夏 天， 懒 懒 的 夏 天，

3̲ 3̲ | 3̲2̲ 5̲ | 0̲2̲ 2̲3̲ | 2̲1̲ 2̲1̲ | 6 - | 0̲5̲ 6̲1̲ |
遥 远 的 夏 夜， 外 婆 的 故 事 讲 不 完， 还 有 那

5̲3̲ 5̲ | 5 - | 6̲5̲ 6̲3̲ | 2̲ 2̲3̲ | 3 1· | 1 - ‖
摇 啊 摇、 摇 不 停 的 芭 蕉 扇。

D.S.

0̲5̲ 6̲1̲ | 5̲3̲ 5̲ | 5 - | 6̲5̲ 6̲3̲ | 2̲ 2̲3̲ | 3 1· | 1 - ‖
还 有 那 摇 啊 摇、 摇 不 停 的 芭 蕉 扇。

夏至，北斗星斗柄指向"午"，每年公历6月21日至22日，太阳黄经达90°时为夏至。

早在公元前七世纪，我国古人就确定了夏至日的时间，这是二十四节气中最早被确定下来的。根据《恪遵宪度抄本》记载："日北至，日长之至，日影短至，故曰夏至。至者，极也。"夏至日这天，太阳直射地面的位置达到一年的最北端，直射北回归线（北纬23°26'），北半球的白天达到最长，并且越往北白昼越长。如黑龙江漠河的夏至日白天可达17小时以上，北京约为15小时，杭州约为14小时，海口约为13小时多一点。

夏至日以后，太阳直射地面的位置逐渐向南移动，北半球的白天则日渐缩短。所以，民间有"吃过夏至面，一天短一线"的说法。

夏至
XIAZHI
物候特征

夏至三候

一候｜鹿角解

麋与鹿虽属同科，但古人认为，麋和鹿一个属阴一个属阳。鹿的角向前生长，所以属阳。夏至日阴气生而阳气衰，因鹿属阳鹿角便开始脱落。麋属阴则在冬至日麋角才开始脱落。

二候｜蝉始鸣

夏至以后五天，雄性知了因为感觉到阴气生开始鸣叫。

三候｜半夏生

半夏是一种喜阴的草药，多生长在夏季的沼泽或水田里，到了夏至阴气上升而开始生长。

祭神祀祖

夏至自周代就被纳入了祭神的礼典，《周礼·春官》记载："以夏日至，致地方物魈。"夏至正值麦收时节，自古有庆祝丰收、祭祀祖先的风俗，农人们感谢上天恩赐，向祖先祈求消灾、保佑年丰。有些北方地区至今保留着夏至前后"过夏麦"的习俗，这是古代"夏祭"活动的遗存。

消夏避伏

自周代开始，夏至日皇家贵族便会拿出冬天储藏的冰来消夏避伏，历朝历代逐渐成为一种制度。《酉阳杂俎·礼异》记载："夏至日，进扇及粉脂囊，皆有辞。""扇"能生风，涂抹"粉脂"散体热、去浊气，在民间妇女夏至日互相赠送折扇、脂粉等消夏礼物。

吃夏至面

民间有"吃过夏至面，一天短一线""冬至饺子夏至面"的谚语，夏至吃面是我国大多数地区的习俗。南方有热干面、阳春面、三鲜面、过桥面、麻油凉拌面等，口味繁多；北方主要有打卤面和炸酱面等，风味独特。除了吃面条，有的地方要吃凉粉、凉皮，还有些地区吃荔枝、茶叶蛋，喝凉茶等。

夏至
XIA ZHI
风俗习惯

夏至 XIA ZHI
饮食起居

夏至是阳气最旺的时节，同时又是阴阳消长的时候，适宜保养精气，如果稍不注意，不是损阴，就是伤阳，因而，此时更要滋阴护阳。

适时适量巧运动

运动是很好的健身、养生手段之一，在炎热的夏季，运动一定要适时适量。锻炼以早晚为宜，尽量避开上午十点到下午四点这段阳光强烈、气温最高的时间段。夏季运动，强度不能过大，尽量减少排汗，及时补充水分。

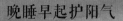

晚睡早起护阳气

夏至以后，天气渐热，人们中午时容易精神不足，困倦乏力，这主要是因为阳气宣散在外，中阳不足。这时应午睡半个小时，收敛阳气，对身体起到养护作用。夏至昼长夜短，要顺应自然变化，适当晚点睡早些起，不过也不要长时间熬夜。

消暑降温莫贪凉

夏季室内外温差一般应保持在8℃至10℃左右，不要太大。否则，温差过大，人体很难快速调整和适应，易得感冒、肩周炎、胃肠炎、面部神经麻痹等病症。睡觉时不要贪图凉快通宵开空调，最好调为夜间模式，清凉入睡就可以，以免睡着后受风着凉。

食物吃对养阴气

夏至生阴，可以适当借助一些养阴的食物护心阴，达到阴气平和、阳气固秘、强身健体的目的。心阴不足会使人心烦、燥热、失眠、上虚火，甚至心悸不安引发心脏病。夏至时节，鸭蛋和桑葚是滋养心阴的好东西。鸭蛋性凉，不仅能清心肺之热，还能滋心肾之阴，如果老人心胸烦热、小孩热咳，适当多吃些鸭蛋都有调理作用。夏天吃桑葚对于缓解心悸、改善睡眠很有帮助，桑葚能够滋养心阴肾阴，常吃还能延缓衰老。

夏至
XIA ZHI
农时农事

夏至前后气温高、雨量大，易形成洪涝灾害，所以要充分做好防汛抢险准备工作。进入拔节期的早稻田，后期适时适量追施氮肥可提高稻穗的结实率，促进其粒大饱满，但要把握好追肥的时机、用量，过晚过多会导致贪青晚熟或稻瘟病的加重。蔬菜要做好排水排涝工作，及时拔除病株，摘除老叶、病叶、病果，及时合理用药，加强病虫害的防治工作。

夏至

谚语俗语

吃了夏至面，一天短一线

夏至有雨三伏热，重阳无雨一冬晴

夏至食个荔，一年都无弊

芒种栽秧日管日，夏至栽秧时管时

日长长到夏至，日短短到冬至

夏至风从西边起，瓜菜园中受熬煎

夏至落雨十八落，一天要落七八砣

夏至雨点值千金

夏至东风摇，麦子水里捞

夏至东南风，平地把船撑

夏至伏天鲥，中耕很重要，伏里锄一遍，赛过水浇园

冬至饺子夏至面

稻谷要喝夏至水

夏至有雨，仓里有米

夏至无雨，囤里无米

夏至大烂，梅雨当饭

过了夏至节，锄头不能歇

夏至杨梅满山红，小暑杨梅要生虫

冬至始打霜，夏至干长江

冬至江南风短，夏至天气旱

初头夏至十头割，十头夏至两头割，两头夏至骑拉着割

夏至狗无处走

夏至无风三伏热

夏至有了雨，好比秀才中了举

夏至有雨应秋早

夏至不起尘，起了尘，四十五天大黄风

夏至闷热汛来早

夏至
XIA ZHI
古代诗词

夏至日作
〔唐〕权德舆

璇枢无停运,四序相错行。

寄言赫曦景,今日一阴生。

和梦得夏至忆苏州呈卢宾客
〔唐〕白居易

忆在苏州日,常谙夏至筵。

粽香筒竹嫩,炙脆子鹅鲜。

水国多台榭,吴风尚管弦。

每家皆有酒,无处不过船。

交印君相次,褰帷我在前。

此乡俱老矣,东望共依然。

洛下麦秋月,江南梅雨天。

齐云楼上事,已上十三年。

夏至后得雨
〔宋〕苏辙

天惟不穷人,旱甚雨辄至。

麦干春泽匝,禾槁夏雷坠。

一年失二雨,廪实真不继。

我穷本人穷,得饱天所畀。

夺禄十五年,有田颍川涘。

躬耕力不足,分获中自愧。

余功治室庐,弃积沾狗彘。

久养无用身,未识彼天意。

夏至日与太学同舍会葆真二首
〔宋〕陈与义

一

微官有阀阅,三赋池上诗。

林密知夏深,仰看天离离。

官忙负远兴,觞至及良时。

荷气夜来雨,百鸟清昼迟。

微风不动苹,坐看水色移。

门前争夺场,取欢不偿悲。

欲归未得去,日暮多黄鹂。

二

明波影千柳,绀屋朝万荷。

物新感节移,意定觉景多。

游鱼聚亭影,镜面散微涡。

江湖岂在远,所欠雨一蓑。

忽看带箭禽,三叹无奈何。

夏至
〔宋〕范成大

李核垂腰祝馂,粽丝系臂扶羸。

节物竞随乡俗,老翁闲伴儿嬉。

夏至日衡阳郡斋书怀
〔唐〕令狐楚

一来江城守,七见江月圆。

齿发将六十,乡关越三千。

褰帷罕游观,闭阁多沉眠。

新节还复至,故交尽相捐。

何时觐阊阖,上诉高高天。

祷雨题张王庙
[宋] 叶适

夏至老秧含寸荑，平田回回不敢犁。

群农无计相聚泣，欲将泪点和干泥。

祠山今古同一敬，签封分明指休证。

传言杯珓三日期，注缏翻车连晓暝。

龙神波后何惨怆，昔睡今醒喜萧爽。

人云天上行水曹，取此化权如反掌。

浙河以东尽淮壖，哀哉震泽几为原。

愿王顿首玉帝前，请赐此雨周无偏。

夏至对雨柬程孺文
[明] 张正蒙

堂开垂柳下，默默坐移时。

岁序一阴长，愁心两鬓知。

雨檐蛛网重，风树雀巢欹。

惆怅无人见，深杯空自持。

夏至过东市二绝
[宋] 洪咨夔

插遍秧畴雨恰晴，牧儿顶踵是升平。

秃穿犊鼻迎风去，横坐牛腰趁草行。

夏至
[宋] 范成大

石鼎声中朝暮，纸窗影下寒温。

踰年不与庙祭，敢云孝子慈孙。

小暑

赤日炎炎　夏深似海

夏日南亭怀辛大　〔唐〕 孟浩然

山光忽西落，池月渐东上。
散发乘夕凉，开轩卧闲敞。
荷风送香气，竹露滴清响。
欲取鸣琴弹，恨无知音赏。
感此怀故人，中宵劳梦想。

凌霄

小暑时节

高长青

似火骄阳，盛夏刚刚登场，
出梅入伏，暑来阳气旺，
春夏养阳莫贪凉，
不烦不忧闻荷香。

声声蝉鸣，燥风裹着热浪，
三伏六邪，炎炎夏日长，
冬吃萝卜夏吃姜，
不用神医开药方。

出一身透汗，热就热个通畅，
夏天就该有夏天的模样，
读一卷旧书，喝一碗酸梅汤，
心静方能自然凉。

小暑时节

作词：高长青
作曲：刁 勇

1=F 2/4

♩=112

```
0 3  3 | 2  3 5 | 0 2  2 | 2 1 6 5 | 0 6  6 |
  似 火  骄 阳,      盛 夏  刚 刚 登 场,   出  梅
  声 声  蝉 鸣,      燥 风  裹 着 热 浪,   三  伏

5  6 1 | 0 2  2 | 2 1 6 3 | 3 -  | 3  0 |
 入 伏,      暑 来  阳 气 旺
 六 邪,      炎 炎  夏 日 长,

0 5  5 | 5 6 5 | 0 3  1 | 2 1 6 | 0 6  1 |
  春 夏  养 阳   莫  贪 凉,   不  烦 用
  冬 吃  萝 卜   夏  吃 姜,   不  用

3  2 | 0 6 5 6 | 1 -  | 1 - : | 3. 5 5 5 |
 不 忱  闻 荷 香。            出  一 身
 神 医  开 药 方。

5 3. | 6. 5 6 5 | 5 3. | 2. 2 2 1 6 | 1. | 6 6 3 6 |
透 汗,  热 就 热 个 通 畅,  夏 天 就 该 有   夏 天 的 模

5 -  | 3. 5 5 5 | 5 3. | 6. 1 6 5 | 1 3 2 | 0 2  3 |
样,    读 一 卷 旧 书,  喝 一 碗 酸 梅 汤,  心 静

2 1 6 | 0 6 3 1 | 6 5. | 5 -  | 0 6 5 6 | 1 -  |
方 能  自 然 凉          自 然 凉。

1 -  | 0 2  3 | 2 1 6 | 0 6 5 6 | 1 -  | 1 -  |
        心 静 方 能  自 然 凉。
```

D.C.
D.S.

小暑
XIAO SHU
物候特征

小暑，北斗星斗柄指向"丁"，每年公历 7 月 6 日至 8 日，太阳黄经达 105° 时为小暑。小暑，又称六月节。据《月令七十二候集解》记载，"《说文》曰：暑，热也。就热之中分为大小，月初为小，月中为大，今则热气犹小也"。小暑天气开始逐步炎热，但还没有达到最热。

常言道"热在三伏"，三伏天通常处在小暑与处暑之间，因天气多雨，是一年中气温最高且潮湿闷热的时候。进入小暑时节，江淮流域的梅雨季即将结束，盛夏开始，气温节节升高，逐渐进入伏旱期；华北、东北地区则进入多雨季节，登陆我国的热带气旋开始增多、活动频繁。小暑的标志是出梅、入伏。

小暑三候

一候｜温风至
小暑时节，炎炎烈日灼烧大地，风中裹着热浪，没有一丝凉意。

二候｜蟋蟀居避
小暑后五日，蟋蟀离开田野，来到庭院墙角的阴凉处躲避暑热。

三候｜鹰始击
小暑后入伏，鹰因地面气温太高，飞向清凉的高空活动。

小暑
XIAO SHU
风俗习惯

晒伏

谚语云："六月六，人晒衣裳龙晒袍""六月六，家家晒红绿"。"红绿"是指五颜六色的衣服。小暑时节，自古民间有晒书画、衣服的习俗。农历"六月初六"一般在小暑期间，是一年中气温高、日照时间长的时候，人们多会不约而同地选择这一天来"晒伏"，把衣柜里的衣服被褥拿出来暴晒，防霉防蛀。

头伏饺子

"头伏饺子二伏面，三伏烙饼摊鸡蛋"，我国北方有头伏吃饺子的习俗。伏天人们食欲不振，一般比平常消瘦，所以称作"苦夏"，人们认为饺子是开胃解馋的食物，所以，入伏第一天家家包饺子吃。山东有的地方入伏的早晨吃煮鸡蛋、生黄瓜。有些地方还有小暑吃藕的习俗，藕与"偶"同音，人们用食藕来祝愿婚姻美满、家庭幸福。

食新

古时候人们有小暑"食新"的习俗。小暑节气把新收割的稻谷碾成米、做成饭供奉五谷大神、祭祀祖先，祈求风调雨顺。将新米磨成粉，制成各种美食，与乡邻分享，表达丰收的喜悦，以示庆贺。

游伏

在古代，初伏的第一天，各家各户扶老携幼出门游玩，欣赏山花野草，感受山风清凉。"游"与"有"、"伏"与"福"谐音，"游伏"也就蕴含了"有福"的寓意。

小暑
XIAO SHU
饮食起居

小暑时节，特别是进入"三伏"，体弱多病者一定要注意养心神、祛暑湿，安全度过"苦夏"。

晚睡早起

小暑宜晚睡早起。夏季夜间燥热，一般睡眠时间相对不足，白天高温炎热，午后人们常常感到精神不振、困意重重。所以，小暑期间最好每天午睡 30 分钟左右，可有效地改善脑部供血、增强体力、消除疲劳。

莫穿太少

夏天当气温达到或超过人的正常体温时，皮肤的散热功能会减弱，人体反而会从外界吸收热量，所以有时候我们衣服穿得太少反而感觉不凉快。因此，越是暑热难熬，越应穿一些浅颜色的薄长衣、长裤，比较吸汗、透气的衣服，既防晒、又防暑。

不吃太好

　　夏季人的阳气浮在体表外，脾胃功能有所减退，容易出现食欲不振等症状，所以一定要注意节制饮食。夏季适量进食一些温热性的食物有助于涵养阳气，但一旦过度则会导致阳气太过，生热伤津。夏季饮食应做到温凉适度，以营养、清淡、滋润、易消化为原则。

动不大汗

　　夏季运动强度要降低，活动过量容易伤津。小暑节气，可以多做些慢节奏的有氧运动，一般运动时间以30至60分钟为宜。患有高血压、心脑血管病的人群，可选择室内运动，或者在清晨早起、傍晚气温较低时到室外活动，避免在强阳光下运动。运动后及时补充水分、电解质，以免出汗过多，血液黏稠度增加，导致心脑血管等疾病的发生。

小暑
XIAO SHU
农时农事

　　小暑时节，我国大部分地区农作物进入了生长旺盛的时期，露地蔬菜要加强田间管理。大棚蔬菜换茬以后，要及时清棚，可采用高温闷棚技术减少土壤病害，提高下一茬的产量和品质。盛夏高温，是蚜虫、瓢虫等虫害多发的季节，要注意适时防治。早稻处在灌浆后期，早熟品种即将收获，要保持田间干湿度；中稻开始拔节，逐步进入孕穗期，应根据长势适时追施肥料，促进穗大粒满。

小暑不见日头，大暑晒开石头

小暑大暑不热，小寒大寒不冷

大暑小暑，淹死老鼠

小暑吃黍，大暑吃谷

小暑怕东风，大暑怕红霞

小暑大暑，有米不愿回家煮

小暑有雨早，小寒有雨冷

小暑雨如银，大暑雨如金

小暑下几点，大暑没河堤

雨打小暑头，四十五天不用牛

小暑热得透，大暑凉飕飕

小暑热得透，大暑凉悠悠

小暑凉飕飕，大暑热熬熬

小暑过热，九月早冷

小暑热过头，九月早寒流

小暑热过头，秋天冷得早

伏里无雨，囤里无米

六月稻，大水泡

伏里雨多，稻里米多；伏里无雨，谷里无米

三伏不受旱，一亩增一石

小暑过，一日三分热

小暑吃杧果

小暑大暑，抢插红薯

见暑不种黍

小暑温暾大暑热

小暑天连阴，遍地出黄金

小暑

谚语俗语

小暑

XIAO SHU

古代诗词

咏廿四气诗·小暑六月节
〔唐〕元稹

倏忽温风至，因循小暑来。
竹喧先觉雨，山暗已闻雷。
户牖深青霭，阶庭长绿苔。
鹰鹯新习学，蟋蟀莫相催。

登沃州山
〔唐〕耿湋

沃州初望海，携手尽时髦。
小暑开鹏翼，新莺长鹭涛。
月如芳草远，身比夕阳高。
羊祜伤风景，谁云异我曹。

夜望
〔元〕方回

夕阳已下月初生，小暑才交雨渐晴。
南北斗杓双向直，乾坤卦位八方明。
古人已往言犹在，末俗何为路未平。
似觉草虫亦多事，为予凄楚和吟声。

和答曾敬之秘书见招能赋堂烹茶二首（其二）
〔宋〕晁补之

一碗分来百越春，玉溪小暑却宜人。
红尘它日同回首，能赋堂中偶坐身。

消暑
〔唐〕白居易

何以消烦暑，端坐一院中。
眼前无长物，窗下有清风。
散热由心静，凉生为室空。
此时身自保，难更与人同。

石竹花见寄
〔唐〕独孤及

殷疑曙霞染，巧类匣刀裁。
不怕南风热，能迎小暑开。
游蜂怜色好，思妇感年催。
览赠添离恨，愁肠日几回。

喜夏
〔金〕·庞铸

小暑不足畏，深居如退藏。
青奴初荐枕，黄妳亦升堂。
鸟语竹阴密，雨声荷叶香。
晚窗无一事，步屧到西厢。

夏日
〔清〕乔远炳

薰风愠解引新凉，小暑神清夏日长。
断续蝉声传远树，呢喃燕语倚雕梁。
眠摊薤簟千纹滑，座接花茵一院香。
雪藕冰桃情自适，无烦珍重碧筒尝。

明词汇编·前调·小暑

返照射村斜，三两人家，行行忽被暮云遮。

惆怅郭宗昨宿处，林满归鸦。

散绮细看霞，城鼓初挝，征尘飞上散裘些。

又早见蟾光升树，映著芦花。

白雪遗音

〔清〕华广生

小暑大暑正清和，荷花香风透凉阁。

绿柳池边闲游戏，银浪滚滚识金梭。

避暑佳人摇白扇，奴在房中受折磨。

思君不至那知暑，拿着六月当腊月。

夏日对雨寄朱放拾遗

〔唐〕武元衡

才非谷永传，无意谒王侯。

小暑金将伏，微凉麦正秋。

远山欹枕见，暮雨闭门愁。

更忆东林寺，诗家第一流。

小暑日寄山甫二首

〔宋〕刘克庄

七年侍膝极融怡

七年侍膝极融怡，半月分襟费梦思。

比鹿门翁吾齿耄，作鱼梁吏汝官卑。

击鲜何忍为儿溷，反鲊无烦寄土宜。

若见省郎问村叟，不能书札尚能诗。

微官便有简书畏

微官便有简书畏，贫舍非无水菽欢。

插架签存先世旧，堆床笏美一时观。

远书且问平安好，前哲曾嗟嗣守难。

了却台参早怀檄，暂归亦可小团栾。

大暑

烈日可畏 雷雨肆行

咏廿四气诗·大暑六月中

〔唐〕元稹

大暑三秋近，林钟九夏移。
桂轮开子夜，萤火照空时。
菰果邀儒客，菰蒲长墨池。
绛纱浑卷上，经史待风吹。

荷花

大暑时节

高长青

腐草为萤，土润溽暑，
月上中天，泥塘边蛙声如鼓，
打开心里的那扇窗户，
枕一席清梦纳凉避暑。

电闪雷鸣，大雨如注，
芙蓉依旧，石阶上青苔如初，
想把最后的盛夏留住，
采一枝青莲闻香品读。

炎炎烈日不肯暮，
蝉鸣渐弱，清影摇竹，
长夏酷暑终将落幕，
等清风徐来，秋在不远处。

大暑时节

作词：高长青
作曲：刁 勇

1=D 4/4 2/4
♩=89

```
5  5  3  ³⁵ 5 - | 6  6  3 ⁵⁶5 - | 6 6 i i i i i 6 |
```
腐草 为 萤， 土润 溽暑， 月上中天，泥塘边
电闪 雷鸣， 大雨 如注， 芙蓉依旧，石阶上

```
6 5 3 2 2 - | 3 5 6 5 5 | 0 i i i 2 6· |
```
蛙声如鼓。 打开 心里的 那扇窗户，
青苔如初。 想把 最后的 盛夏留住，

```
0 6 6 7 i 6 | i i i 6 5 5 - ‖: 3 3 3 2 3 5 6 |
```
枕一席清梦 纳凉避暑。 炎炎烈日不肯
采一枝青莲 闻香品读。

```
5 - - - | i i i 6 i i i - 2 i 6 5 5 - |
```
暮， 蝉鸣渐弱， 清影摇竹。

```
6 6 6 5 6 i 3 2 - - - | 0 3 3 3 3 2 |
```
长夏酷暑终将落幕， 等清风徐来，

```
2/4 2 - | 0 2 2 i 6 i - - - ‖ 0 3 3 3 3 2 |
```
秋在不远 处。 D.C. 等清风徐来，
D.S.

```
2 - - - | 0 2 2 2 6 i - - - i - - - ‖
```
秋在不远 处。

大暑
DASHU
物候特征

　　大暑，北斗星斗柄指向"未"，每年公历7月22日至24日，太阳黄经达120°时为大暑。《通纬·孝经援神契》中记载："小暑后十五日斗指未为大暑，六月中。小大者，就极热之中，分为大小，初后为小，望后为大也。""暑"是炎热的意思，大暑，即炎热之极。大暑是一年中日照最充足、最炎热的节气，酷热到达顶点，高温伴随多雨，人虽有湿热难熬之苦，却有利于作物的生长。

　　7月下旬至8月上旬俗称"七下八上"，全国进入主汛期。大暑时节受来自海洋暖湿气流的影响，我国南方高温多雨；副热带季风雨带转移到我国北方地区，华北、东北进入雨季；西北地区由于地处内陆，距离海洋较远，属于我国年降水量最少的地区。

大暑三候

一候｜腐草为萤

　　萤火虫有两千余种，分为水生、陆生两类。陆生萤火虫多在草上产卵，大暑时节，萤火虫化卵出生，古人误认为萤火虫是由腐草变成的。

二候｜土润溽暑

　　大暑正是三伏，天气闷热，又逢雨季，土壤含水量极高。

三候｜大雨时行

　　大暑时节，雷雨天气居多，山雨来时风满楼，长夏渐有清凉，天气开始向立秋过渡。

吃仙草

大暑，广东、福建等地有"吃仙草"的习俗。"仙草"又名仙人草、凉粉草，唇形科仙草属草本植物，因其具有神奇的消暑功效，被誉为"仙草"。人们将仙草的茎叶晒干烧煮后，添加蜜枣、葡萄干、紫薯、红豆、蜂蜜等各样食材做成一种消暑甜品——"烧仙草"。

吃凤梨

我国台湾地区的人们认为大暑时节的凤梨最好吃，加之凤梨的闽南语发音与"旺来"相近，作为祈求平安吉祥、生意兴隆的象征，便形成了大暑吃凤梨的习俗。

晒伏姜

晒伏姜的习俗主要流行在山西、河南等地，三伏天把生姜切片、榨汁，与红糖搅拌在一起，装入容器蒙上纱布，放在太阳下晾晒。待充分融合后食用，用于治疗伤风咳嗽、老寒胃等症。

送『大暑船』

送"大暑船"是浙江沿海地区的传统习俗。相传清同治年间，大暑前后葭沚一带常流行疫病。人们以为是凶神"五圣"作乱，便在江边建五圣庙，祈求驱病消灾。葭沚地处椒江口，以渔民居多，为保平安，每年大暑时节集体供奉五圣，用渔船将猪、羊等供品沿江送到椒江口以外，供五圣享用，以表虔诚。

吃荔枝

福建莆田有大暑时节吃荔枝、羊肉和米糟的习俗，叫"过大暑"。荔枝富含葡萄糖和多种维生素，营养价值高，吃荔枝可以滋补身体。人们先将鲜荔枝浸没在井水之中，大暑这天取出分食品尝，此时的荔枝冰凉甘甜，吃起来最惬意、最滋补。

大暑 DASHU
风俗习惯

大暑时节阳气达到顶峰，同时也是由阳转阴的转折点，此时很容易中暑，贪凉又可能引发风寒感冒，所以，养生显得格外重要。

睡好养心

大暑期间宜晚睡早起，顺应阳盛阴虚的变化，如果睡眠不足可以用午休做补偿。大暑脾胃当令，多思多虑容易耗伤脾气。睡眠质量不好的朋友，应当多关注当下、学会倾诉，避免愁绪淤积体内。平常可以多听一些轻松舒缓的音乐，放松一下身心；早晚温度适宜时多到户外散散步、透透气，有助于提高睡眠质量。

吃好健脾

暑天热气蒸腾，湿气又重，一些人会出现情绪低落、疲乏无力、食欲不振等症状。大暑期间饮食要清淡，可多喝些绿豆粥、小米粥、橘皮粥、玫瑰花粥等汤粥，易于消化，补充水分，并且有理气健脾、清热解暑的作用。暑天易伤津耗气，可适量吃些益气养阴的食品，有"上火"困扰的人群，可以适当增加一些天然苦味食品，少吃性温、热、燥的补品。

动好祛湿

　　大暑天气多潮湿闷热，应多选择在早晚温度较低的时候，进行强度适中的运动。可练习"节气导引养生法"中的"踞地虎视式"昂头伸腰、摇头摆尾的动作，使颈、腰、胸、背及整个脊柱得到充分的伸展，坚持练习对五脏六腑，特别是对改善脾胃功能有很好的帮助，同时还有健脾除湿的功效。

　　进入大暑节气，香菜、菠菜、空心菜等露地耐热的叶类蔬菜可陆续播种。干旱地区需注意给蔬菜多浇水；降水多的地方则要防范积水，避免烂根。种植双季稻地区，早稻要适时收获，以减少风雨造成的危害，同时争取晚稻适时插栽，保证足够的生长期。北方的夏玉米一般已拔节孕穗，要严防"卡脖旱"的危害，确保丰产丰收。

大暑

谚语俗语

大暑热不透，大热在秋后

大暑不暑，五谷不起

大暑无酷热，五谷多不结

大暑连天阴，遍地出黄金

大暑大雨，百日见霜

大暑展秋风，秋后热到狂

小暑不算热，大暑正伏天

冷在三九，热在中伏

人在屋里热得躁，稻在田里哈哈笑

不热不冷，不成年景

六月不热，五谷不结

六月连阴吃饱饭

伏里多雨，囤里多米

伏天雨丰，粮丰棉丰

伏不受旱，一亩增一石

九里的雪，伏里的雨，吃了麦子存了米

伏天大雨下满塘，玉米、高粱啪啪响

伏天大雨下过头，秋季庄稼要减收

大暑前后，衣裳溻透

大汗冷水激，浑身痱子起

伏天穿棉袄，收成好不了

六月盖棉被，新米倒比陈米贵

大暑来，种芥菜

中伏种萝卜，末伏种油菜

中伏萝卜末伏芥，立秋种的疙瘩菜

过了大暑不种芥，过了小暑不种豆

大暑

古代诗词

萤

〔唐〕徐夤

月坠西楼夜影空，透帘穿幕达房栊。
流光堪在珠玑列，为火不生榆柳中。
一一照通黄卷字，轻轻化出绿芜丛。
欲知应候何时节，六月初迎大暑风。

大暑水阁听晋卿家昭华吹笛

〔宋〕黄庭坚

蕲竹能吟水底龙，玉人应在月明中。
何时为洗秋空热，散作霜天落叶风。

和晁应之大暑书事

〔宋〕刘子翚

蓬门久闭谢来车，畏暑尤便小阁虚。
青引嫩苔留鸟篆，绿垂残叶带虫书。
寒泉出井功何有，白羽邀凉计已疏。
忍待西风一萧飒，碧鲈银脍意何如。

大暑

〔宋〕曾几

赤日几时过，清风无处寻。
经书聊枕籍，瓜李漫浮沉。
兰若静复静，茅茨深又深。
炎蒸乃如许，那更惜分阴。

毒热寄简崔评事十六弟

〔唐〕杜甫

大暑运金气，荆扬不知秋。
林下有塌翼，水中无行舟。
千室但扫地，闭关人事休。
老夫转不乐，旅次兼百忧。
蝮蛇暮偃蹇，空床难暗投。
炎宵恶明烛，况乃怀旧丘。
开襟仰内弟，执热露白头。
束带负芒刺，接居成阻修。
何当清霜飞，会子临江楼。
载闻大易义，讽兴诗家流。
蕴藉异时辈，检身非苟求。
皇皇使臣体，信是德业优。
楚材择杞梓，汉苑归骅骝。
短章达我心，理为识者筹。

水调歌头·天地有中气

〔宋〕刘辰翁

天地有中气，第一是中元。
新秋七七，月出河汉斗牛间。
正是使君初度，如见中州河岳，
　　绿鬓又朱颜。
荎露一杯酒，清彻瑞人寰。
大暑退，潢潦净，彩云斑。
三壬三甲厚重，屹不动如山。
从此五风十雨，自可三年一日，
　　香寝镇狮蛮。
起舞愿公寿，未可愿公还。

　〔宋〕司马光　　　　　　　〔宋〕杜子是

老柳蜩螗噪，荒庭熠耀流。　长山绕井邑，嘐嘐天外青。

人情正苦暑，物怎已惊秋。　烟云无近远，水石何幽清。

月下濯寒水，风前梳白头。　半崖盘石径，如见小蓬瀛。

如何夜半客，束带谒公侯。　时节方大暑，忽若秋气生。

　　　　　　　　　　　　　高亭临极巅，登高宜新晴。

　　　　　　　　　　　　　俗士谁能来，野客熙清阴。

　　　　　　　　　　　　　漫歌无人听，有酒共我倾。

　　　　　　　　　　　　　时复一回望，心月出四溟。

夏日闲放

〔唐〕白居易

时暑不出门，亦无宾客至。

静室深下帘，小庭新扫地。

褰裳复岸帻，闲傲得自恣。

朝景枕簟清，乘凉一觉睡。

午餐何所有，鱼肉一两味。

夏服亦无多，蕉纱三五事。

资身既给足，长物徒烦费。

若比箪瓢人，吾今太富贵。

立秋

梧桐叶落　禾谷成熟

秋夕　[唐] 杜牧

银烛秋光冷画屏，
轻罗小扇扑流萤。
天阶夜色凉如水，
坐看牵牛织女星。

牵牛

立秋时节

高长青

长夏未尽，末伏立秋后，
骄阳依旧暑难休，
不待风摇花自瘦，
蓦然回首风吹纱衣皱。

夜半无眠，人间已是秋，
心上有秋便是愁，
情丝斩断似水流，
心中无愁天凉好个秋。

春风中相识，夏夜里相守，
一路相伴一起走，
站在夏秋交迭的路口，
等你给我
一个留下来的理由。

立秋时节

作词：高长青
作曲：刁 勇

1=♭E 4/4 2/4

♩=86

```
 5· 6  1 ⌒3  3  -  | 2 ⌒3  2  1  5·  -  | 1  2  3  6  6  -  |
```
长 夏 未 尽， 末 伏 立 秋 后， 骄 阳 依 旧
夜 半 无 眠， 人 间 已 是 秋， 心 上 有 秋

```
 3· 5  1 2  2  -  | 5· 6  1 ⌒3  3  -  | 5· 3  2  6  6·  -  |
```
暑 难 休， 不 待 风 摇 花 自 瘦，
便 是 愁， 情 丝 斩 断 似 水 流，

```
 5· ⌒3  2  1  5· ⌒3  2  1  | 1  2  2  -  -  : | 3  5  5  3  5  6· |
```
蓦 然 回 首 风 吹 纱 衣 皱。 春 风 中 相 识，
心 中 无 愁 天 凉 好 个 秋。

```
 i  7  6  5  3  -  | 6· 1  1 6  1 2 ⌒3  | 5  6  6  3  2  -  |
```
夏 夜 里 相 守， 一 路 相 伴 一 起 走，

```
 3· 5  3  5  6·  | i  7  6  5  6  -  | 5  6  6  3  2  3  6· |
```
站 在 夏 秋 交 迭 的 路 口， 等 你 给 我 一 个

```
 2  3  5· 5  6· 1·  | 1  -  0  0  || 5  6  6  3  2  3  6· |
```
留 下 来 的 理 由。 D.C. 等 你 给 我 一 个
D.S.

```
 2/4  6·  -  | 2  3  5· 5  6· | 1  -  -  -  | 1  -  -  -  ||
```
留 下 来 的 理 由。

立秋
LIQIU
物候特征

立秋三候

一候｜凉风至

　　有风时人们开始感觉到丝丝清凉，已逐渐不同于夏天的热风。

二候｜白露降

　　清晨，大地上会产生雾气，形成露珠。

三候｜寒蝉鸣

　　感觉到阴气的秋蝉开始起劲地鸣叫。

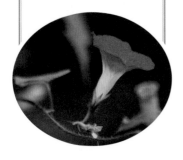

　　立秋，北斗星斗柄指向"坤"，每年公历 8 月 7 日至 9 日，太阳黄经达 135° 时为立秋。

　　《管子》记载："秋者阴气始下，故万物收。"《月令七十二候集解》记载："七月节，立字解见春。秋，揫也，物于此而揫敛也。"二十四节气反映四时"气"的变化，立秋阳气渐收、阴气渐长，是从阳盛逐渐转变为阴盛的节点，同时降水、湿度也处在一年的转折处，渐渐趋于减少或下降，自然万物开始从繁茂生长一步步走向萧索成熟。

　　立秋尚未出暑，还在暑热阶段，"秋后一伏"是说立秋后至少还有"一伏"的酷热天气。我国南方此时还处在夏暑，由于台风、雨季渐去，气温可能更加酷热。传统中医把从立秋开始到秋分以前这段时间称为"长夏"，即是春、夏、秋、冬之外的"第五季"。

立秋
LI QIU
风俗习惯

立秋节

立秋也称作七月节，迎秋习俗在古籍中多有记述，《礼记·月令》记载，立秋日周天子亲率公卿、诸侯、大夫，到西郊高台上举行祭祀仪式，迎接秋天。《后汉书·祭祀志》记载："立秋之日，迎秋于西郊，祭白帝蓐收，车旗服饰皆白，歌《西皓》、八佾舞《育命》之舞。"唐代《新唐书·礼乐志》记载："立秋立冬祀五帝于四郊。"宋代《临安岁时记》记载："立秋之日，男女咸戴楸叶，以应时序。"

贴秋膘

古时人们对健康的评判，往往以胖瘦为标准，民间流行立秋日用秤称人的体重，同立夏时进行对比。夏季人们一般没有胃口，吃得比较清淡，体重大多要减少一些，体重轻了就是"苦夏"。瘦了自然要"补"，立秋后天气渐凉，胃口大开，立秋这天"以肉贴膘"，吃点炖肉、烤肉、红烧肉等，以贴补夏天的损失。

啃秋

"啃秋"也称"咬秋"。天津及周边地区讲究立秋这天吃西瓜、香瓜；江苏等地立秋吃西瓜，据说可以不生秋痱子；浙江等地民间立秋日西瓜和烧酒同食，认为可以防疟疾。"咬秋"寓意酷热难熬的夏天终于过去，秋天到来神清气爽，要将其牢牢咬住。"啃秋"实际上抒发的是一种欢庆丰收的喜悦之情。

秋社

立秋是古时候秋季祭祀土地神的日子，称作"秋社"，这种习俗始于汉代，后来将秋社定在立秋后第五个戊日。这时候土地已完成收获，官府和民众都要祭神以示答谢。宋代的秋社仪式有食糕、饮酒、妇女归宁等习俗。至今一些地方仍流传有"做社""敬社神""煮社粥"的说法。

立秋
LIQIU
饮食起居

立秋，阳气渐收，阴气渐长，但是伏天还没结束，人体内的湿热没有完全散去，容易导致气阴两虚。此时早晚寒气渐重，体质虚弱的人容易受寒气侵袭，应注意饮食起居时做好保养。

早卧早起

立秋节气是由热转凉的节点，也是人体阳消阴长的时期，立秋养生应以养收为主。跟夏季"晚卧早起"不同，立秋过后应"早卧早起"。早卧是为了顺应阳气的收敛，早起使肺气得以舒展，一敛一舒有利于人体阴阳平衡。

贴膘不忙

立秋虽有一个"秋"字，但气温还没有完全转凉，高温依旧反反复复，人也常常感觉到倦怠、乏力，吃太多的高蛋白食物不容易消化，反而容易增加脾胃负担，因而此时并不是贴秋膘的最好时机。

避免受凉

　　立秋人体阳气仍在顶峰，血管处于扩张状态，此时一旦着凉，寒邪极易乘虚而入。立秋以后，昼夜温差大，中午热，早晚凉，季节变换时人体免疫和抗病能力下降，容易患感冒。因此，要根据气温变化增减衣服，以免受凉，引发伤风感冒。

勿忘除湿

　　立秋后依旧气温高、雨水多，人体仍然会受湿气的困扰。此时要及时祛除夏天残留的湿气，不然会损伤到脾脏。因此，立秋以后切忌长时间吹空调、喝过量冷饮，同时谨防"秋瓜坏肚"，避免过多食用蔬果瓜类，而引发胃肠道疾病。可通过灸大椎、关元、神阙、足三里等穴位，调理脾胃祛除湿邪，提升阳气，减少秋燥症状的发生。

立秋
LI QIU
农时农事

　　立秋时节早稻逐步进入抢收抢晒阶段，同时还要及时插种晚稻。气温逐步变低，要抓住温度较高的时机，追肥耘田，加强田间管理。此时容易出现水稻三化螟、稻纵卷叶螟、稻飞虱等病虫害，要加强防治。立秋过后玉米进入抽穗期，要追施速效氮肥，防治病虫害，此时玉米秸秆长高，人工施药不便，可采用无人机喷药，省时省力。

立秋

谚语俗语

立了秋，把扇丢

立秋下雨，百日无霜

立秋三天，寸草结籽

立秋雨滴，谷把头低

立秋栽葱，白露栽蒜

立了秋，苹果梨子陆续揪

立秋雨淋淋，遍地是黄金

立秋十八天，寸草皆结顶

立秋棉管好，整枝不可少

立秋摘花椒，白露打核桃

立秋种芝麻，老死不开花

立秋温度高，果子着色好

立秋早晚凉，中午汗湿裳

立秋后三场雨，夏布衣裳高搁起

早立秋冷飕飕，晚立秋热死牛

头伏芝麻二伏豆，晚粟种到立秋后

立秋有雨样样收，立秋无雨人人忧

立秋无雨是空秋，万物历来一半收

立秋下雨秋雨多，立秋无雨秋雨少

立秋反比大暑热，中午前后似烤火

秋前北风马上雨，秋后北风无滴水

秋不凉，籽不黄

立秋十天遍地黄

立夏栽茄子，立秋吃茄子

立秋荞麦白露花，寒露荞麦收到家

立秋一场雨，夏衣高捆起

立秋
古代诗词

思佳客·立秋前一日西湖
〔宋〕高观国

不肯楼边著画船，载将诗酒入风烟。

浪花溅白疑飞鹭，荷芰藏红似小莲。

醒醉梦，唤吟仙。先秋一叶莫惊蝉。

白云乡里温柔远，结得清凉世界缘。

舟中立秋
〔清〕施闰章

垂老畏闻秋，年光逐水流。

阴云沉岸草，急雨乱滩舟。

时事诗书拙，军储岭海愁。

涛饥今有岁，倚棹望西畴。

立秋
〔宋〕刘翰

乳鸦啼散玉屏空，一枕新凉一扇风。

睡起秋声无觅处，满阶梧叶月明中。

立秋
〔宋〕释道璨

碧树萧萧凉气回，一年怀抱此时开。

槿花篱下占秋事，早有牵牛上竹来。

重叠金·壬寅立秋
〔宋〕黄升

西风半夜惊罗扇。蛩声入梦传幽怨。

碧藕试初凉。露痕啼粉香。

清冰凝簟竹。不许双鸳宿。

又是五更钟。鸦啼金井桐。

立秋夕凉风忽至炎暑稍消即
事咏怀寄汴州节度使李二十尚书
〔唐〕白居易

袅袅檐树动，好风西南来。

红缸霏微灭，碧幌飘飘开。

披襟有余凉，拂簟无纤埃。

但喜烦暑退，不惜光阴催。

河秋稍清浅，月午方裴回。

或行或坐卧，体适心悠哉。

美人在浚都，旌旗绕楼台。

虽非沧溟阻，难见如蓬莱。

蝉迎节又换，雁送书未回。

君位日宠重，我年日摧颓。

无因风月下，一举平生杯。

立秋前一日览镜
〔唐〕李益

万事销身外，生涯在镜中。

惟将两鬓雪，明日对秋风。

咏廿四气诗·立秋七月节
〔唐〕元稹

不期朱夏尽，凉吹暗迎秋。

天汉成桥鹊，星娥会玉楼。

寒声喧耳外，白露滴林头。

一叶惊心绪，如何得不愁。

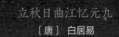

立秋日曲江忆元九
〔唐〕 白居易

下马柳阴下，独上堤上行。

故人千万里，新蝉三两声。

城中曲江水，江上江陵城。

两地新秋思，应同此日情。

立秋二绝
〔宋〕 范成大

三伏熏蒸四大愁，暑中方信此生浮。

岁华过半休惆怅，且对西风贺立秋。

木兰花慢·立秋夜雨送梁汾南行
〔清〕 纳兰性德

盼银河迢递，惊入夜，转清商。

乍西园蝴蝶，轻翻麝粉，暗惹蜂黄。炎凉。

等闲瞥眼，甚丝丝、点点搅柔肠。

应是登临送客，别离滋味重尝。

疑将。水墨画疏窗，孤影淡潇湘。

倩一叶高梧，半条残烛、做尽商量。荷裳。

被风暗剪，问今宵、谁与盖鸳鸯。

从此羁愁万叠，梦回分付啼螀。

立秋
〔宋〕 方岳

秋日寻诗独自行，藕花香冷水风情。

一凉转觉诗难做，付与梧桐夜雨声。

悯农（其一） 〔唐〕李绅

春种一粒粟，秋收万颗子。

四海无闲田，农夫犹饿死。

处暑

秋高气爽 暑气始止

桔梗

处暑时节 高长青

处暑出暑苦夏终，
泛舟采菱惊飞鸿。
秋高气爽禾丰盈，
暑云散尽袅袅起凉风。

处暑出暑七月中，
祭祖迎秋放河灯。
秋色连波秋虫鸣，
一池秋月幽幽泛清影。

邀三五知己，携老幼亲朋，
沐浴初秋的风，走在山野小径，
听一听松涛，觅一觅仙踪，
放逐所有凡俗，
融入久违的亲和情。

处暑时节

作词：高长青
作曲：刁勇

1=♭E 4/4

♩=86

```
5̣ 6  3· 5 6 3  5 | 3· 5 3 1  2 - | 6̇ 1  6 1 2 3 2 |
处暑  出暑  苦 夏    终,       泛舟采  菱
处暑  出暑  七 月    中,       祭祖迎  秋

5 3  3 1  2 - | 3 2 3  6 5 6 | i 7  6 7 5  6 - |
惊 飞  鸿。秋 高 气 爽 禾 丰 盈,
放 河 灯。秋 色 连 波 秋 虫 鸣,

6 1 2 3 2  3 1  6̣· | 3 5 3  6̣ 2 1  1 - : | 1 2  3 6  5 - |
暑   云 散 尽 泉 泉 起 凉 风。  邀三五知己,
一   池 秋 月 幽 幽 泛 清 影。  

6 1  6 3  7 6  - | 5 5  6 6 5 3· | 3 5 3  3 1 2  2· |
携 老 幼 亲 朋, 沐 浴 初 秋 的 风, 走 在 山 野 小 径。

1 2  3 6  5 - | i 7  3 6 7 6  - | 5 5  6 3  2 3 6· |
听 一 听 松 涛, 觅 一 觅 仙 踪, 放 逐 所 有 凡 俗,

6 1 2 3 2 0 6 1 | 2 1·  1 - || 5 5  6 3  2 3 6· |
融 入 久 违 的   亲 和 情。     放 逐 所 有 凡 俗,
                        D.C.
                        D.S.

6̣ -  0  0 | 6 1 2 3 2 0 6 1 | 2 1·  1 - |
                 慢
融 入 久 违 的   亲 和 情。
```

处暑
物候特征

处暑三候

一候｜鹰乃祭鸟

处暑时节，鹰猎捕到小鸟后并不着急吃掉，而是摆放整齐，就像是在祭祀猎物，然后慢慢享用。

二候｜天地始肃

初秋时节，天地之间万物凋零，充满肃杀之气。

三候｜禾乃登

黍、稷、稻等农作物总称为"禾"，"登"是成熟的意思。秋天是收获的季节。

处暑，北斗星斗柄指向"戊"，每年公历 8 月 22 日至 24 日，太阳黄经达 150° 时为处暑。

据《月令七十二候集解》记载："七月中，处，止也，暑气至此而止矣。"处暑，就是"出暑"，炎热离开的意思。处暑时节，在我国，太阳直射点向南移动，太阳辐射逐渐减弱，副热带高压也向南转移，气温随之逐渐下降，暑气渐渐消退。进入处暑代表着酷热天气进入尾声，天气虽然还很热，但已呈下降的趋势。即使出现短期回热天气，也就是我们常说的"秋老虎"，一般持续半月不等，时间长短不一。

处暑时节，东北、华北、西北的雨季逐渐结束，秋高气爽，开启令人心旷神怡的美好季节。处暑以后，率先进入秋季的是东北和西北地区。受冷空气的影响，空气比较干燥，往往刮起阵阵秋风，如果大气中有暖湿气流交汇，会形成阵阵秋雨。"一场秋雨一场寒"，秋雨过后，人们会感到比较明显的降温。

处暑 CHU SHU 风俗习惯

处暑
风俗习惯

中元节

处暑前后是农历七月，自古民间有过"中元节"的习俗，俗称"作七月半"。从七月初一举行开鬼门仪式开始，一直到七月底关鬼门结束。其间进行竖灯篙、放河灯、招孤魂、搭普度坛、架孤棚、穿插抢孤等普度布施活动。

放河灯

放河灯是古时候人们普度落水鬼和孤魂野鬼的一种仪式。河灯也叫"荷花灯"，在莲花状底座上放上灯盏或蜡烛，中元夜点燃后放到江河湖海中任其漂走。作家萧红在《呼兰河传》中描述："七月十五是个鬼节；死了的冤魂怨鬼，不得托生，缠绵在地狱里非常苦，想托生，又找不着路。这一天若是有个死鬼托着一盏河灯，就得托生。"这是对"放河灯"习俗最好的注释。

开渔节

处暑前后是沿海渔民收获的时节，每年沿海地区都要举行隆重的开渔节。休渔期结束，"开海"的那一天，要举行盛大的开渔仪式，欢送渔民驾船出海，此后人们餐桌上种类繁多的海鲜便多起来。

吃鸭子

江浙地区有"处暑送鸭，无病各家"的说法，鸭子味甘性凉，可煲汤、红烧、烤制等，口味繁多，用于解暑气、贴秋膘最为适合。处暑时节，家家各显身手，拿出看家本领做好鸭子，或卖，或自家食用，或邻里亲朋互送分享，期盼"各家无病"，便逐步形成了处暑吃鸭子的习俗。

早卧早起

处暑以后起居应早卧早起。"早卧"调养阳气，"早起"舒展肺气，防止收敛太快。此外，还要适当午睡，从而保证充足的睡眠，使大脑得到充分休息，使人体产生更多的抗原抗体，从而提高抗病能力。

凉而不寒

处暑时节天气变化无常，时常出现"一天有四季，十里不同天"的情况。所以穿衣服不宜太多，但是要以凉而不寒最为适宜，以免影响气候转冷人体适应的能力。特别要注意脐部的保暖，因为脐部最容易着凉，受凉后会影响到脾胃功能。

处暑
CHU SHU
饮食起居

添酸减辛

秋季处在"阳消阴长"的过渡期，处暑天气以湿热为主。饮食上要"添酸减辛"助肝气，多吃一些酸味食品，适当吃一些滋阴润燥的食物，多喝水补充津液。天气转冷后，西瓜一类性寒的瓜果，就要尽量少吃或不吃。为了防止燥邪伤肺，要少吃煎炸、辛辣类的食物。

运动平缓

进入处暑时节，天气渐凉，运动量和强度可以逐步增加，但最好以慢跑、打太极拳、练五禽戏或者作呼吸吐纳、扩胸运动等平缓的锻炼方式为主，以微微出汗但不觉疲劳为尺度，使人体内气血通畅。早晚较凉爽，选择一早一晚运动较为适宜。

处暑 农时农事

CHU SHU

进入处暑，除华南和西南地区，我国大部分地区雨季宣告结束，降水逐渐减少。华北、东北和西北地区要抓紧蓄水、保墒，以免因干旱延误秋种。此时，秋季蔬菜播种育苗基本结束，越冬蔬菜准备播种。处暑前后南方双季晚稻将圆秆，要适时烤田。玉米容易发生病害，要及早发现、提前预防。

处暑

谚语俗语

处暑天还暑，好似秋老虎

处暑天不暑，炎热在中午

热熟谷，粒实鼓

处暑雨，粒粒皆是米（稻）

处暑早的雨，谷仓里的米

处暑若还天不雨，纵然结子难保米

处暑三日稻（晚稻）有孕，寒露到来稻入囤

处暑谷渐黄，大风要提防

处暑满地黄，家家修廪仓

处暑高粱遍地红

处暑高粱遍拿镰

处暑高粱白露谷

处暑三日割黄谷

处暑收黍，白露收谷

处暑见新花

处暑好晴天，家家摘新棉

处暑开花不见花（絮）

处暑花，不归家

处暑花，捡到家

处暑长薯

处暑就把白菜移，十年准有九不离

处暑移白菜，猛锄蹲苗晒

处暑栽，白露上，再晚跟不上

处暑栽白菜，有利没有害

处暑栽，白露追，秋分放大水

处暑拔麻摘老瓜

处暑
CHUSHU
古代诗词

长江二首·其一
〔宋〕苏洞

处暑无三日，新凉直万金。

白头更世事，青草印禅心。

放鹤婆娑舞，听蛩断续吟。

极知仁者寿，未必海之深。

秋日喜雨题周材老壁
〔宋〕王之道

大旱弥千里，群心迫望霓。

檐声闻夜溜，山气见朝隮。

处暑余三日，高原满一犁。

我来何所喜，焦槁免无泥。

处暑后风雨
〔宋〕仇远

疾风驱急雨，残暑扫除空。

因识炎凉态，都来顷刻中。

纸窗嫌有隙，纨扇笑无功。

儿读秋声赋，令人忆醉翁。

初秋雨晴
〔宋〕朱淑真

雨后风凉暑气收，庭梧叶叶报初秋。

浮云尽逐黄昏去，楼角新蟾挂玉钩。

早秋曲江感怀
〔唐〕白居易

离离暑云散，袅袅凉风起。

池上秋又来，荷花半成子。

朱颜易销歇，白日无穷已。

人寿不如山，年光忽于水。

青芜与红蓼，岁岁秋相似。

去岁此悲秋，今秋复来此。

新秋对月寄乐天
〔唐〕刘禹锡

月露发光彩，此时方见秋。

夜凉金气应，天静火星流。

蛩响偏依井，萤飞直过楼。

相知尽白首，清景复追游。

长相思·一重山
〔南唐〕李煜

一重山，两重山。

山远天高烟水寒，相思枫叶丹。

菊花开，菊花残。

塞雁高飞人未还，一帘风月闲。

秋登宣城谢朓北楼
〔唐〕李白

江城如画里，山晚望晴空。

两水夹明镜，双桥落彩虹。

人烟寒橘柚，秋色老梧桐。

谁念北楼上，临风怀谢公。

清平乐·金风细细

〔宋〕晏殊

金风细细，叶叶梧桐坠。

绿酒初尝人易醉，一枕小窗浓睡。

紫薇朱槿花残，斜阳却照阑干。

双燕欲归时节，银屏昨夜微寒。

七月二十四日山中已寒二十九日处暑

〔宋〕张嵲

尘世未徂暑，山中今授衣。

露蝉声渐咽，秋日景初微。

四海犹多垒，余生久息机。

漂流空老大，万事与心违。

咏廿四气诗·处暑七月中

〔唐〕元稹

向来鹰祭鸟，渐觉白藏深。

叶下空惊吹，天高不见心。

气收禾黍熟，风静草虫吟。

缓酌樽中酒，容调膝上琴。

处暑

〔宋〕吕本中

平时遇处暑，庭户有余凉。

乙纪走南国，炎天非故乡。

寥寥秋尚远，杳杳夜光长。

尚可留连否，年丰粳稻香。

白露

阴气渐重 露凝而白

月夜忆舍弟 〔唐〕杜甫

戍鼓断人行，边秋一雁声。
露从今夜白，月是故乡明。
有弟皆分散，无家问死生。
寄书长不达，况乃未休兵。

秋海棠

二十四节气组歌 | 歌词曲谱

白露时节

高长青

西风凉，白露降，
水土湿气凝结为霜，
芙蓉萧瑟卸红妆，
浅浅白露兼葭苍苍。

秋意浓，桂花香，
草木之气凝露化霜，
庭前梧桐秋叶黄，
鸿雁南去云海茫茫。

清露煮茶夜悠长，
一轮明月照故乡照他乡，
凉风有信勿忘添衣裳，
伊人安好在水一方。

白露时节

作词：高长青
作曲：刁 勇

1=F 4/4

♩=72

3 2 1 3 5 - | 5 3 3 2 1 3 2. | 0 1 6 5 1 3 2 | 4 3 2 3 1 2 - |

西 风 凉， 白 露 降， 水 土 湿 气 凝 结 为 霜，
秋 意 浓， 桂 花 香， 草 木 之 气 凝 露 化 霜，

3 2 1 3 6 5. | 6 5 6 5 3 - | 0 3 2 1 6 3 2 0 | 2 2 3 5 6 1 -: |

芙 蓉 萧 瑟 卸 红 妆， 浅 浅 白 露 蒹 葭 苍 苍。
庭 前 梧 桐 秋 叶 黄， 鸿 雁 南 去 云 海 茫 茫。

5 5 3 5 5 6 3 5 | 6 5 6 3 5 - | 6 6 6 5 6 5 3 | 1 6 6 3 2 - |

清 露 煮 茶 夜 悠 长， 一 轮 明 月 照 故 乡 照 他 乡，

3 3 2 3 5. 6 5 | 4 3 2 1 6 | 0 6 5 6 6 3 3 5 | ²3 5 6 1 - ‖

凉 风 有 信 勿 忘 添 衣 裳， 伊 人 安 好 在 水 一 方。

D.C.
D.S.

0 6 5 6 6 3 3 5 | ²3. 3 5 6 | 1 - - - | 1 - - - ‖

伊 人 安 好 在 水 一 方。

白露
BAI LU
物候特征

白露，北斗星斗柄指向"庚"，每年公历9月7日至9日，太阳黄经达165°时为白露。据《月令七十二候集解》记载："八月节，秋属金，金色白，阴气渐重，露凝而白也。"古时候人们以四季对应五行，秋属金，金色白，所以用白来形容秋露。

白露时节天气逐渐转凉，白天阳光温暖，但是夕阳西下后，气温会快速降低，到夜间空气中的水汽遇冷后，凝结成细小的水珠，密集附着在花草树木的茎叶或花瓣上，呈现为白色，经过第二天清晨的阳光照射，晶莹剔透、洁白无瑕。

进入白露节气，暑天的闷热基本结束，天气转凉。秋风在降温的同时，吹干了空气中的水分，致使空气干燥，人们称这种气候特点为"秋燥"。

白露三候

一候 | 鸿雁来

雁即鸿雁。鸿雁是鸭科雁属的一种大型候鸟，白露时节自北向南而来。

二候 | 元鸟归

元鸟即玄鸟，是燕的别称。古人认为燕属南方鸟种，白露向南迁徙，所以称之为归。

三候 | 群鸟养羞

三人为众，三兽为群，养羞，即储藏食物，以备过冬之需。养羞者，藏之以备冬月之养也。

白露
BAILU
风俗习惯

祭禹王

白露时节，太湖地区有祭祀禹王的习俗。历来太湖畔的渔民尊大禹为"禹王"，称其为"水路菩萨"。每年的正月初八、清明、七月初七和白露，都要举行祭祀禹王的香会，清明、白露春秋两次祭祀活动都要历时一周，规模最为盛大。

蒸煮十样白

浙江多地白露这天要采集"十样白"同乌骨白毛鸡（或者是鸭子）一起炖煮，滋补身体。十样白就是十种带白字的中草药，如白芷、白木槿等，同白露的"白"相对应。

酿白露米酒

江苏、浙江一些地方，每年一到白露，家家户户都要用谷物酿造米酒，或待客或售卖。酒用糯米、高粱等五谷酿成，白露时酿制的米酒格外甘甜醇香。

喝白露茶

到了白露，秋风渐凉，是茶树向内聚敛、储集营养的最好时期。常言道"春茶苦，夏茶涩，要喝茶，秋白露"，白露时节采制的茶，既不像春茶那样娇嫩不经泡，也不像夏茶那样干涩味苦，而是甘香醇厚、味道独特，深受老茶客的喜爱。

收清露

自古民间就有白露节气"收清露"的习俗。李时珍所著《本草纲目》中记载："秋露繁时，以盘收取，煎如饴，令人延年不饥。""百草头上秋露，未晞时收取，愈百病，止消渴，令人身轻不饥，肌肉悦泽。""百花上露，令人好颜色。"可见人们对白露时节收集清露能够治病消灾、益寿延年深信不疑。

白露
BAI LU

饮食起居

白露时节，气温逐步降低，空气变得干燥，因而，白露养生应当注重保暖和润燥。

早睡早起

白露昼夜温差大，白天阳光温和，入夜则有丝丝凉意。此时大自然阳气收敛，阴气渐盛。从中医养生的角度看，起居应顺应自然变化，白露期间要尽量早睡早起，不要熬夜。清晨，太阳升起后再进行适当运动，有利于肺气宣发和体内阳气的生发。

保暖避寒

常言道"白露身不露，寒露脚不露"。白露节气一到，就应该注意保暖避寒了。虽说适当"秋冻"可以锻炼耐寒能力，但对于小孩、年老体弱的人群来说，不建议过分秋冻。

润肺降燥

白露期间易出现口、唇、鼻、咽干涩，大便干结，皮肤干裂等症状，这就是通常说的"秋燥"。对付"秋燥"，就应当以"润"治之。白露时节应少吃辣椒等燥热的食物，饮食上要多吃梨、银耳、蜂蜜、百合、枸杞、萝卜、豆制品等滋润之物，多吃南瓜、胡萝卜等橙黄色蔬菜。如果症状严重还需就医，用中药调理。

白露天气有利于蔬菜的生长，播种以后做好水肥管理，精耕细作，促进苗全苗壮，同时要防治病虫害。华北秋收作物逐渐成熟，东北的谷子、高粱、大豆开始收获，长江南北的棉花开始分期采收，华北、东北、西北地区的冬小麦开始播种。白露气候对晚稻抽穗扬花和棉桃爆桃不利，同时影响中稻的收割、晾晒，要及时采取相应的措施。

白露

谚语俗语

白露秋分夜，一夜凉一夜

草上露水凝，天气一定晴

草上露水大，当日准不下

露水见晴天

夜晚露水狂，来日毒太阳

干雾露阴，湿雾露晴

喝了白露水，蚊子闭了嘴

别说白露种麦早，要是河套就正好

抢墒地薄白露播，比着秋分收得多

白露麦，顶茬粪

白露种高山，寒露种河边，坝里霜降点

白露种高山，秋分种平川

白露种高山，秋分种河湾

白露种高山，寒露种沙滩

白露播得早，就怕虫子咬

谷到白露死

好谷不见穗，好麦不见叶

谷怕连夜雨，麦怕晌午风

头白露割谷，过白露打枣

白露割谷子，霜降摘柿子

白露谷，寒露豆，花生收在秋分后

白露田间和稀泥，红薯一天长一皮

白露见湿泥，一天长一皮

白露种葱，寒露种蒜

白露节，棉花地里不得歇

白露的花，有一搭无一搭

白露的花，温低霜早就白搭

白露

古代诗词

衰荷

〔唐〕白居易

白露凋花花不残，凉风吹叶叶初干。

无人解爱萧条境，更绕衰丛一匝看。

秋露

〔唐〕雍陶

白露暧秋色，月明清漏中。

痕沾珠箔重，点落玉盘空。

竹动时惊鸟，莎寒暗滴虫。

满园生永夜，渐欲与霜同。

诗经·国风·秦风·蒹葭

蒹葭苍苍，白露为霜。

所谓伊人，在水一方。

溯洄从之，道阻且长。

溯游从之，宛在水中央。

蒹葭萋萋，白露未晞。

所谓伊人，在水之湄。

溯洄从之，道阻且跻。

溯游从之，宛在水中坻。

蒹葭采采，白露未已。

所谓伊人，在水之涘。

溯洄从之，道阻且右。

溯游从之，宛在水中沚。

杂诗·秋风何冽冽

〔晋〕左思

秋风何冽冽，白露为朝霜。

柔条旦夕劲，绿叶日夜黄。

明月出云崖，皦皦流素光。

披轩临前庭，嗷嗷晨雁翔。

高志局四海，块然守空堂。

壮齿不恒居，岁暮常慨慷。

南湖晚秋

〔唐〕白居易

八月白露降，湖中水方老。

旦夕秋风多，衰荷半倾倒。

手攀青枫树，足蹋黄芦草。

惨淡老容颜，冷落秋怀抱。

有兄在淮楚，有弟在蜀道。

万里何时来，烟波白浩浩。

白露

〔唐〕杜甫

白露团甘子，清晨散马蹄。

圃开连石树，船渡入江溪。

凭几看鱼乐，回鞭急鸟栖。

渐知秋实美，幽径恐多蹊。

秋题牡丹丛

〔唐〕白居易

晚丛白露夕，衰叶凉风朝。

红艳久已歇，碧芳今亦销。

幽人坐相对，心事共萧条。

玉阶怨

〔唐〕李白

玉阶生白露，夜久侵罗袜。
却下水晶帘，玲珑望秋月。

秋圃

〔宋〕杨万里

何处秋深好，山林处士家。
青霜红碧树，白露紫黄花。
一熟雠频雨，朝晴祷暮霞。
连宵眠不著，犹自爱新茶。

同赋山居七夕

〔唐〕李峤

明月青山夜，高天白露秋。
花庭开粉席，云岫敞针楼。
石类支机影，池似泛槎流。
暂惊河女鹊，终狎野人鸥。

白露为霜

〔唐〕颜粲

悲秋将岁晚，繁露已成霜。
遍渚芦先白，沾篱菊自黄。
应钟鸣远寺，拥雁度三湘。
气逼襦衣薄，寒侵宵梦长。
满庭添月色，拂水敛荷香。
独念蓬门下，穷年在一方。

情诗

〔东汉〕曹植

微阴翳阳景，清风飘我衣。
游鱼潜渌水，翔鸟薄天飞。
眇眇客行士，徭役不得归。
始出严霜结，今来白露晞。
游者叹黍离，处者歌式微。
慷慨对嘉宾，凄怆内伤悲。

秋词二首·其一 〔唐〕刘禹锡

自古逢秋悲寂寥，我言秋日胜春朝。

晴空一鹤排云上，便引诗情到碧霄。

秋分

昼夜均等 寒暑平分

蓼花

秋分时节

高长青

秋分月高照清泉，
风清露冷枫叶染，
月移花影桂香伴，
秋风清秋月明秋叶聚还散。

秋色平分秋期半，
金风送爽霓裳乱，
稻丰蟹肥菊初绽，
秋分后阴气繁惊雷渐去远。

是春华秋实的终点，
更是秋种夏收的起点，
年年秋分庆丰年，
共祝愿五谷丰登国泰民安。

秋分时节

作词：高长青
作曲：刁 勇

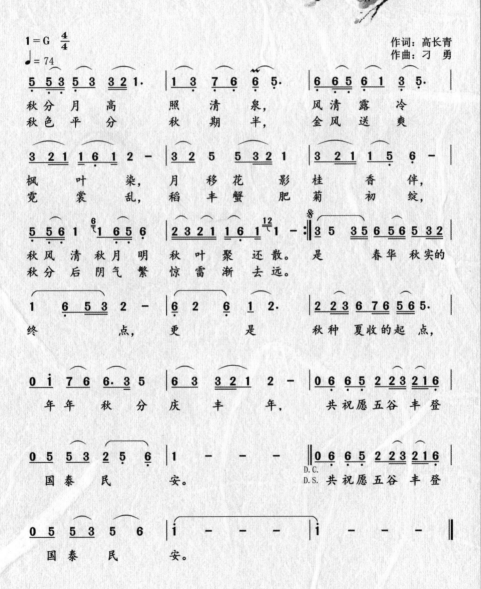

秋分
QIUFEN
物候特征

秋分三候

一候 | 雷始收声

秋分日过后，雨季结束，阴气渐重，惊雷渐远。

二候 | 蛰虫坯户

秋分五日后，气温逐渐降低，准备过冬的虫子悄然入穴蛰居，隐身避寒。

三候 | 水始涸

《礼记》记载："水本气之所为。"春夏两季气至，所以水长流，秋冬两季气返，所以水干枯。

秋分，北斗星斗柄指向"酉"，每年公历9月22日至24日，太阳黄经达180°时为秋分。

秋分时节，太阳几乎直射地球赤道，全球昼夜时间等长。据《春秋繁露·阴阳出入上下篇》记载："秋分者，阴阳相半也，故昼夜均而寒暑平。" 进入秋分节气，暑热已消，天气转凉。太阳直射点从赤道继续向南半球移动，北半球白天逐渐变短，夜晚逐渐变长，南半球则相反。秋分这天，地球南北两极，太阳全天都在地平线以上。此后，随着太阳直射点继续向南移动，北极附近开启长达6个月的极夜现象，其范围渐渐扩大，然后再逐步变小；南极附近则开启长达6个月的极昼现象，同样，其范围渐渐扩大，然后再逐步变小。

秋分
QIU FEN
风俗习惯

吃秋菜

秋分时节岭南地区的客家人有吃秋菜的习俗。秋菜一般是指野苋菜，又叫秋碧蒿。到了秋分这一天，村里人都去田野采挖秋菜。洗净后，同鱼片一起熬煮制作成秋汤。俗语说"秋汤灌脏，洗涤肝肠；阖家老少，平安健康"。

粘雀子嘴

秋分这天，客家人几乎家家都做汤圆、吃汤圆，同时，还要把十几、二十多个不包夹心的汤圆煮好，用竹签串起来，放在田边地头，叫作"粘雀子嘴"，以防止雀鸟损坏庄稼。

送秋牛

自古秋分时节民间就有送秋牛图的习俗。用红纸或黄纸印上一年的农历节气和农夫耕田图样，称作"秋牛图"。送图人能说擅唱，每到一家见景生情，边说边唱，主要是说些吉祥话语，唱词合辙押韵，唱腔诙谐欢快，一直唱到主人接图给钱为止，俗称"说秋"，说秋人被称作"秋官"。

秋分祭月

秋分曾经是最古老的"祭月节"。自古以来就有"春祭日，秋祭月"的说法。由于秋分在农历八月的日子每年都不固定，月亮也不一定正好是圆月，祭月月不圆有点煞风景，后来人们就把"祭月节"从"秋分"改到八月十五。如今的中秋节就是从秋分的"祭月节"演变而来的。

秋分
QIU FEN
饮食起居

秋分时节，天气渐冷，夜长昼短。秋季养生重在养收和养阴，要收敛降燥之气。跟升阳和散阳有关的情绪、饮食起居都要有所收敛和节制。

注意保暖

进入秋分以后，天气开始转凉，要注意保暖，不要再赤膊露体。"春捂秋冻"这种方式比较适合年轻体壮的人，可以锻炼其耐受适应能力。但体弱多病的人、老年人还是要根据天气和气温变化，及时增减衣物，一早一晚要穿长衣、长裤，避免出现关节酸疼等不适症状。晚上睡觉时也要盖厚一点的被子，以免着凉感冒。

清燥润肺

秋季燥气盛行，所以饮食应以养阴清燥、润肺生津为主，尽量避免吃一些辛辣厚重的食物。秋分养生滋补要讲究平和，多吃一些藕、莲子、红枣、山药、银耳、枸杞、黑芝麻、核桃等性平、温和、滋阴的食物。

运动适度

秋季适当运动能提升人体的阳气，促进气血运行通畅，防止身体过度收敛。可根据身体状况选择快走、跑步、爬山等活动。但是要注意，秋季运动一定要适度，不要在运动中造成损伤，也不要运动过度、大汗淋漓，从而导致阳气耗损。

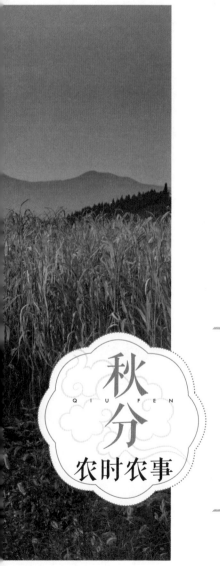

秋分 QIU FEN 农时农事

秋分节气，我国大部分地区进入凉爽的秋季，秋收、秋耕、秋种的"三秋"大忙时节来临。此时是马铃薯、洋葱、茼蒿、大蒜、菠菜、青菜等播种定植的时期。中稻要加强后期管理，收获前不宜过早断水，可采用干湿相间的灌溉技术，提高根系活力，防止青枯逼熟和早衰瘪谷。玉米收获要抢抓晴好天气，保证颗粒归仓。冬小麦要精选、处理好种子，提前做好发芽试验。

秋分

谚语俗语

秋分稻见黄，大风要提防

秋分无生田，处暑动刀镰

秋忙秋忙，绣女也要出闺房

白露白迷迷，秋分稻秀齐

白露早，寒露迟，秋分种麦正当时

分前种高山，分后种平川

秋分麦粒圆溜溜，寒露麦粒一道沟

白露秋分夜，一夜冷一夜

秋分种高山，寒露种平川，迎霜种的夹河滩

种麦泥窝窝，来年吃白馍

大暑旱，处暑寒，过了秋分见寒霜

春分秋分，昼夜平分

春分无雨莫耕田，秋分无雨莫种园

秋分见麦苗，寒露麦针倒

秋分不起葱，霜降必定空

白露秋分菜，秋分寒露麦

秋分日晴，万物不生

秋分有雨来年丰

秋分前后必有雨

秋分前后有风霜

秋分雨多雷电闪，今冬雪雨不会多

秋分夜冷天气旱

秋分节日后，青蛙仍在叫，秋末还有大雨到

秋分西北风，来年早春多阴雨

秋分西北风，冬天多雨雪

秋分
QIU FEN
古代诗词

中秋对月
〔唐〕李频

秋分一夜停，阴魄最晶莹。
好是生沧海，徐看历杳冥。
层空疑洗色，万怪想潜形。
他夕无相类，晨鸡不可听。

客中秋夜
〔明〕孙作

故园应露白，凉夜又秋分。
月皎空山静，天清一雁闻。
感时愁独在，排闷酒初醺。
豆子南山熟，何年得自耘。

三五七言
〔唐〕李白

秋风清，秋月明，
落叶聚还散，寒鸦栖复惊。
相思相见知何日？此时此夜难为情！

秋凉晚步
〔宋〕杨万里

秋气堪悲未必然，轻寒正是可人天。
绿池落尽红蕖却，荷叶犹开最小钱。

秋分后顿凄冷有感
〔宋〕陆游

今年秋气早，木落不待黄。
蟋蟀当在宇，遽已近我床。
况我老当逝，且复小彷徉。
岂无一樽酒，亦有书在傍。
饮酒读古书，慨然想黄唐。
耄矣狂未除，谁能药膏肓。

咏廿四气诗·秋分八月中
〔唐〕元稹

琴弹南吕调，风色已高清。
云散飘飖影，雷收振怒声。
乾坤能静肃，寒暑喜均平。
忽见新来雁，人心敢不惊？

老人星
〔宋〕赵蕃

大史占南极，秋分见寿星。
增辉延宝历，发曜起祥经。
灼烁依狼地，昭彰近帝庭。
高悬方杳杳，孤白乍荧荧。
应见光新吐，休征德自形。
既能符圣祚，从此表遐龄。

云门山中作
〔明〕屈大均

悠然拂盘石，独坐对秋分。
萝雨静可数，松泉寒不闻。
孤怀吐明月，双眼悬高云。
兴至莫长啸，恐惊樵牧群。

夜喜贺兰三见访
〔唐〕 贾岛

漏钟仍夜浅，时节欲秋分。
泉聒栖松鹤，风除翳月云。
踏苔行引兴，枕石卧论文。
即此寻常静，来多只是君。

点绛唇·金气秋分
〔宋〕 谢逸

金气秋分，风清露冷秋期半。
凉蟾光满。桂子飘香远。
素练宽衣，仙仗明飞观。
霓裳乱。银桥人散。
吹彻昭华管。

晚 晴
〔唐〕 杜甫

返照斜初彻，浮云薄未归。
江虹明远饮，峡雨落余飞。
凫雁终高去，熊罴觉自肥。
秋分客尚在，竹露夕微微。

送僧归金山寺
〔唐〕 马戴

金陵山色里，蝉急向秋分。
迥寺横洲岛，归僧渡水云。
夕阳依岸尽，清磬隔潮闻。
遥想禅林下，炉香带月焚。

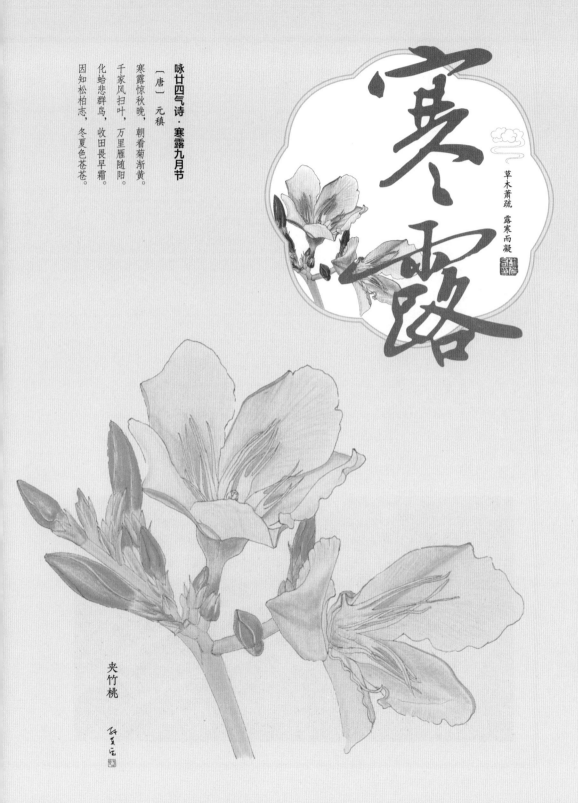

寒露

草木萧疏 露寒而凝

咏廿四气诗·寒露九月节

〔唐〕元稹

寒露惊秋晚，朝看菊渐黄。
千家风扫叶，万里雁随阳。
化蛤悲群鸟，收田畏早霜。
因知松柏志，冬夏色苍苍。

夹竹桃

寒露时节

高长青

寒露晶晶凝结为霜，
鸿雁来宾雀鸟藏，
遍地菊花黄，
白云红叶观斜阳。

寒露莹莹落地成霜，
蝉噤荷残晚秋凉，
昼短夜渐长，
读书听雨闻茶香。

寒露逢重阳，
步步登高凭栏远望，
天高云淡豁然开朗，
敬老贤孝福寿康宁久久长。

寒露时节

作词：高长青
作曲：刁 勇

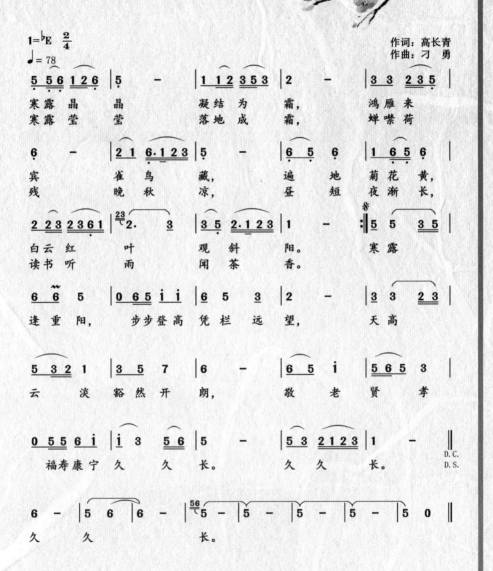

1=♭E 2/4

♩= 78

5 5̇6 1̇2̇6̇ | 5 — | 1 1̇2̇3̇5̇3̇ | 2 — | 3̇ 3̇ 2̇3̇5̇ |
寒露晶晶　　凝结为　霜，　　鸿雁来
寒露莹莹　　落地成　霜，　　蝉噤荷

6 — | 2̇ 1̇ 6̇.1̇2̇3̇ | 5 — | 6̇ 5̇ 6̇ | 1̇ 6̇ 5̇ 6̇ |
宾　雀鸟　藏，　　遍地　菊花黄，
残　晚秋　凉，　　昼地短　夜渐长，

2̇ 2̇3̇2̇3̇6̇1̇ | 2̇. 3̇ | 3̇5̇ 2̇.1̇2̇3̇ | 1 — | 5̇ 5̇ 3̇5̇ |
白云红　叶　观斜　阳。　　寒露
读书听　雨　闻茶　香。

6̇ 5̇ | 0 6̇5̇ 1̇1̇ | 6̇ 5̇ 3̇ | 2 — | 3̇ 3̇ 2̇3̇ |
逢重阳，　步步登高凭栏　远望，　　天高

5̇ 3̇2̇1 | 3̇5̇ 7 | 6̇ — | 6̇ 5̇ 1̇ | 5̇6̇5̇ 3̇ |
云　淡豁然开　朗，　　敬老　贤孝

0 5̇5̇ 6̇1̇ | 1̇ 3̇ | 5̇6̇ 5̇ | 5̇ — | 5̇3̇ 2̇1̇2̇3̇ | 1 — |
福寿康宁久　久　长。　　久久　长。

D. C.
D. S.

6 — | 5̇6̇ 6 — | 5̇ — 5̇ — | 5̇ — 5̇ — | 5̇ 0 ‖
久　久　　　长。

寒露，北斗星斗柄指向"辛"，每年公历 10 月 7 日至 9 日，太阳黄经达 195° 时为寒露。据《月令七十二候集解》记载："九月节，露气寒冷，将凝结也。"寒露时节，已进入深秋，气温由热转寒，自然万物随着寒气的增长，逐渐出现萧索凋零的现象。

寒露以后，我国大部分地区处在冷高压的控制之下，雨季结束，北方冷空气逐步形成势力。寒露时节气候的主要特点是，南方秋意渐浓，秋高气爽，秋风渐凉，干燥少雨；东北、西北地区即将进入冬季，气温下降、风霜渐近。

寒露三候

一候 | 鸿雁来宾
鸿雁渐次向南方迁徙，先期到达的为主，随后而至的为宾，先后有序，宾主有别。

二候 | 雀入大水为蛤
进入寒露，陆地上的雀鸟便很少看见，海边的蛤蜊却多起来，古人发现蛤蜊壳的条纹和颜色跟雀鸟很相似，便误以为蛤蜊是雀鸟变成的，就像夏天的"腐草为萤"。

三候 | 菊有黄华
进入深秋，万物凋零，唯有菊花开得傲然多姿。

寒露
HAN LU
风俗习惯

饮菊花酒

寒露正是菊花开放的时节，各地有饮菊花酒的习俗。菊花酒由菊花加糯米、酒曲酿制，古时候称作"长寿酒"，味道清凉甜美，据说有降秋燥、养肝、明目、健脑、延缓衰老等功效。

登高

重阳节一般在寒露期间，重阳登高的习俗由来已久。我国南方秋意渐浓，蝉噤荷残；北方逐渐出现早霜，霜打红叶，呈现出深秋景象，人们习惯在九月九日重阳节这天相约爬山，登高望远、欣赏秋景。重阳节前后北京的景山公园、八大处、香山都会吸引来自全国各地的游客登高祈福、观赏红叶。

秋边钓

进入白露以后，天气凉爽，水温也逐渐降到鱼类喜欢的温度，饱受盛夏炎热之苦的鱼儿又开始活跃起来，为越冬做准备变得更加贪吃，纷纷游到浅水区觅食，更加容易上钩，寒露正是钓鱼的好时节。

赏菊花

农历九月菊花盛开，故称作"菊月"。菊花与大多数其他季节开的花有所不同，越是霜寒露重，菊花开得越艳丽夺目，吸引着人们成群结队一睹芳容。寒露三候的"菊始黄华"说的就是菊花在这个时候普遍开放。

插茱萸和簪菊花

古时候人们认为插茱萸能够避难消灾，唐代重阳节插茱萸的习俗就已十分盛行。重阳节这天，人们将茱萸或做成花环佩戴在手臂上，或做成香袋、香囊佩戴，还有的直接将菊花插在头上。现在九九重阳节已经成为中国人"敬老爱老"的老人节了。

寒露 HANLU
饮食起居

寒露以后寒意激增，阳气渐退，阴气渐生，阴阳之气也开始转变。此时养生应当以保养阴精为重点。

早睡早起

《素问四气调神大论》中记载："秋三月，早卧早起，与鸡俱兴。"早卧能够顺应阴精的收藏，早起则能顺应阳气的舒达。秋季适当早起，可以降低血栓形成的概率。早晨起床时不要着急，适当多躺几分钟，伸一伸懒腰，活动一下四肢，喝一杯温水，对预防血栓形成的作用很大。心脑血管疾病在这个时期的发病率极高，发病时间多在起床前，主要因为在睡觉时血液流动速度变慢，血栓容易形成。

脚部保暖

常言道："白露身不露，寒露脚不露。"脚部距离心脏最远，血液到达较少，并且脚部几乎没有脂肪层，最容易受到寒冷的刺激。脚部受凉后，人体抵抗力随之下降，病邪便容易入侵，轻者患伤风感冒，重者可能诱发支气管炎、哮喘等呼吸系统疾病。所以，寒露前后尽量不要穿凉鞋、不露脚踝，特别是身体虚弱、畏寒怕冷的人群更要穿上能够覆盖到踝关节的袜子保暖护阳，避免寒气从足部侵入。

宜收少冷

寒露节气后，像肠胃病一类的"秋病"进入高发期。胃部偏寒的人要注意胃部保暖，饮食方面要注意以温和为主，不要吃生冷食物，更不能暴饮暴食，增加胃的消化负担。饮食宜"收"，少吃辛辣刺激、发散的食物，多吃一些养胃、甘润的食物。

寒露
HAN LU
农时农事

寒露以后昼夜温差增大，秋管进入重要时期。叶类蔬菜、瓜类及茄果类蔬菜，要浇水防旱，追施肥料，加强田间管理，促进作物快速生长，防治病虫害以喷施无公害农药为主，成熟后要及时采收。寒露时节是冬春棚菜的育苗期，要适时做好种子的处理、消毒、浸种、催芽等工作。华北地区要抓紧进行冬小麦的播种，确保在霜降前完成播种。

寒露

谚语俗语

豆见豆，九十六

白露谷，寒露豆

寒露收豆，花生收在秋分后

豆子寒露使镰钩，地瓜待到霜降收

豆子寒露动镰钩，骑着霜降收芋头

寒露三日无青豆

寒露到，割晚稻；霜降到，割糯稻

棉怕八月连阴雨，稻怕寒露一朝霜

寒露前，六七天，催熟剂，快喷棉

寒露不摘烟，霜打甭怨天

寒露不刨葱，必定心里空

大雁不过九月九，小燕不过三月三

寒露时节人人忙，种麦、摘花、打豆场

寒露到霜降，种麦莫慌张；霜降到立冬，种麦莫放松

寒露霜降麦归土

寒露霜降，赶快抛上

寒露前后看早麦

要得苗儿壮，寒露到霜降

小麦点在寒露口，点一碗，收三斗

菊花开，麦出来

秋分种蒜，寒露种麦

麦子难得倒针雨

九月九，摘石榴

寒露收山楂，霜降刨地瓜

寒露柿红皮，摘下去赶集

柿子红似火，摘下装筐箩

寒露柿子红了皮

寒露
HAN LU
古代诗词

木芙蓉
〔唐〕韩愈

新开寒露丛,远比水间红。
艳色宁相妒,嘉名偶自同。
采江官渡晚,搴木古祠空。
愿得勤来看,无令便逐风。

寓崇圣寺怀李校书
〔唐〕许浑

几日卧南亭,卷帘秋月清。
河关初罢梦,池阁更含情。
寒露润金井,高风飘玉筝。
前年共游客,刀笔事戎旃。

晚次宿预馆
〔唐〕钱起

乡心不可问,秋气又相逢。
飘泊方千里,离悲复几重。
回云随去雁,寒露滴鸣蛩。
延颈遥天末,如闻故国钟。

送十五舅
〔唐〕王昌龄

深林秋水近日空,归棹演漾清阴中。
夕浦离觞意何已,草根寒露悲鸣虫。

初到陆浑山庄
〔唐〕宋之问

授衣感穷节,策马凌伊关。
归齐逸人趣,日觉秋琴闲。
寒露衰北阜,夕阳破东山。
浩歌步榛樾,栖鸟随我还。

月夜梧桐叶上见寒露
〔唐〕戴察

萧疏桐叶上,月白露初团。
滴沥清光满,荧煌素彩寒。
风摇愁玉坠,枝动惜珠干。
气冷疑秋晚,声微觉夜阑。
凝空流欲遍,润物净宜看。
莫厌窥临倦,将晞聚更难。

送槐广落第归扬州
〔唐〕韦应物

下第常称屈,少年心独轻。
拜亲归海畔,似舅得诗名。
晚对青山别,遥寻芳草行。
还期应不远,寒露湿芜城。

斋心
〔唐〕王昌龄

女萝覆石壁,溪水幽朦胧。
紫葛蔓黄花,娟娟寒露中。
朝饮花上露,夜卧松下风。
云英化为水,光采与我同。
日月荡精魄,寥寥天宇空。

池上

〔唐〕白居易

袅袅凉风动，凄凄寒露零。
兰衰花始白，荷破叶犹青。
独立栖沙鹤，双飞照水萤。
若为寥落境，仍值酒初醒。

芳树

南朝·沈约

发萼九华隈。开跗寒露侧。
氤氲非一香。参差多异色。
宿昔寒飚举。摧残不可识。
霜雪交横至。对之长叹息。

宿瓜州

〔唐〕李绅

烟昏水郭津亭晚，回望金陵若动摇。
冲浦回风翻宿浪，照沙低月敛残潮。
柳经寒露看萧索，人改衰容自寂寥。
官冷旧谙唯旅馆，岁阴轻薄是凉飙。

九月一日过孟十二仓曹、
十四主簿兄弟

〔唐〕杜甫

藜杖侵寒露，蓬门启曙烟。
力稀经树歇，老困拔书眠。
秋觉追随尽，来因孝友偏。
清谈见滋味，尔辈可忘年。

霜降

气肃而凝 露结为霜

山行 〔唐〕杜牧

远上寒山石径斜，白云生处有人家。

停车坐爱枫林晚，霜叶红于二月花。

曼陀罗

二十四节气组歌 | 歌词曲谱

霜降时节

高长青

天寒露冷凝为霜，
气温骤降天地两茫茫，
昼夜温差剧消长，
万木萧萧万物冬藏。

秋暮气肃结白霜，
霜冷夜长床前明月光，
离人远行念故乡，
归思遥遥归期无望。

自古悲秋别离伤，
两情若久长，
岂在朝朝暮暮难为地老天荒，
人生路漫漫再相逢勿相忘。

霜降时节

作词：高长青
作曲：刁 勇

1=G 4/4

♩=76

0 3 2 1 3 2 1 | 0 7 6 3 5 - | 0 1 6 5 1 2 2 | 4 3 2 3 1 2 - |

天 寒 露 冷 凝 为 霜， 气 温 骤 降 天 地 两 茫 茫，
秋 暮 气 肃 结 白 霜， 霜 冷 夜 长 床 前 明 月 光，

0 3 2 1 3 2 1 | 0 7 6 5 6 - | 0 1 6 5 1 2 2 | 4 3 2 3 1 1 - :‖

昼 夜 温 差 剧 消 长， 万 木 萧 萧 万 物 冬 藏。
离 人 远 行 念 故 乡， 归 思 遥 遥 归 期 无 望。

5 5 6 5 3 5 6 - | 7 6 3 7 6 5 - | 2.3 5 3 2 1 | 0 3 5 7 7 6 7 6 5 |

自 古 悲 秋 别 离 伤， 两 情 若 久 长， 岂 在 朝 朝 暮

6 - 0 6 3 | 2 3 5 1 1 - | 0 7 7 6.7 2 3 | 5 - 0 5 6 |

暮 难 为 地 老 天 荒， 人 生 路 漫 漫 再 相

1 - 0 7 6 7 | 2 - 0 2 3 | 5 - 0 5 3 5 | 7 6 6 - 0 |

逢 勿 相 忘。 再 相 逢 勿 相 忘。

4 3 2 3 1 1 - ‖ 4 3 2 3 1 1 - | 1 - - - | 1 - - - ‖

勿 相 忘。 勿 相 忘。
D.C.
D.S.

霜降
SHUANG JIANG
物候特征

霜降三候

一候 | 豺祭兽

    进入霜降，冬天将至，豺狼把捕获的猎物摆放在地上，像人祭祀天地一样。

二候 | 草木黄落

    霜降时节，西风劲吹，北雁南飞，草木枯黄，黄叶遍地，顿生寂寥之感。

三候 | 蛰虫咸俯

    蛰虫早早钻入洞穴之中，俯身藏匿，以备越冬。

    霜降，北斗星斗柄指向"戌"，每年公历10月23日至24日，太阳黄经达210°时为霜降。据《月令七十二候集解》记载："九月中，气肃而凝，露结为霜矣。"据《二十四节气解》记载："气肃而霜降，阴始凝也。"霜降并不是"降霜"，而是气温骤降、昼夜温差大，露水凝结成霜。霜降节气后，大地进入深秋景象，冷空气频繁南下。霜降是一年之中全国平均昼夜温差最大的时节。

    气象学上一般把秋季第一次出现的霜称作"早霜"或"初霜"，而把春季最后一次出现的霜称为"晚霜"或"终霜"；晚霜到早霜之间，就是无霜期。"霜"一般出现在秋、冬、春三季。

霜降
SHUANG JIANG
风俗习惯

吃柿子

霜降时节，我国南方的许多地区有吃柿子的习俗。俗语说："霜降吃灯柿，不会流鼻涕。"是说霜降期间吃柿子，冬天就不容易得感冒。霜降前后成熟的柿子皮薄软糯甘甜，营养价值最高。柿子虽然味美，但一定不要空腹吃、不要多食，一次最好不要超过100克，没有完全成熟的柿子不要吃，血糖高及患有胃炎、消化不良等胃功能低下人群尽量不要食用。

祭祖

霜降期间，农历十月初一是传统的祭祖节。祭祖活动分家祭和墓祭。墓祭的供品除食物、香烛、纸钱外，还有用布料缝制或彩纸剪贴而成的"冥衣"，祭祀时同纸钱等一起焚烧，叫作"送寒衣"，所以祭祖节又叫"烧衣节"，表达了寒冬将至，为祖先送衣御寒的孝敬之心。

赏菊

霜降时节菊花依旧盛开，许多地区在此时举办赏菊盛会。北京天宁寺、陶然亭等地的赏菊活动上品种繁多，往往展出许多珍品，像金边大红、紫凤双叠、粉牡丹、墨虎须、秋水芙蓉等，吸引了大批游客参观。自古文人墨客喜欢赏菊、饮酒，挥毫泼墨留下许多诗画佳作。

送芋鬼

送芋鬼是广东一些地区流行的习俗。霜降时节，人们用瓦片垒成河内塔，在塔内点燃干柴，火烧得越旺越好，直到瓦片烧红，将塔推倒，把芋头放在烧红的瓦片上热熟，这叫作"打芋煲"。最后把瓦片丢到村外，称为"送芋鬼"，用这样的方式来驱凶辟邪。

霜降
SHUANG JIANG
饮食起居

霜降养生要注重阳气内收、精气敛藏、滋养阴气，积蓄能量待来年生发。

保证睡眠

霜降时节，血栓的发病率较高，为避免血栓的形成，要按照节气特点调整起居，以保身体健康。"秋季早卧早起，冬季早卧晚起"是保证睡眠的养生之道。霜降期间，建议每晚九点到十一点间上床休息，最晚十二点前入睡，此时最能养阴，睡眠质量也最好，往往能达到事半功倍的养生效果。

滋阴为主

进入霜降，天气开始转寒，潮湿逐步转为干燥，季节转换容易引发胃溃疡和十二指肠溃疡等肠胃疾病，所以，饮食上可以多吃一些叶菜、鲜菜，少吃干菜、辛辣食品（如：姜、葱、蒜、辣椒等）。吃火锅要以清淡为主，防止"上火"。霜降时节最宜"平补"，要多吃些补而不燥、健脾润肺的食物，不温不火、不凉不热。同时，要注意强健脾胃功能。

保护腰腿

霜降时节，很容易因凉气入侵引发感冒、关节疼痛等疾病，所以一定要注意做好保暖工作，特别是腰腿部位。常言道，"霜降一过百草枯，保腰护腿要知足"。腰是身体的"中枢神经"，腰活则周身灵活，腰皱则周身僵硬。所以，此时一定要加强对腰腿的保护和锻炼。穿高腰裤让腰部温暖，穿秋裤护腿，适当做些倒走、后抬腿及肢体舒展运动，使腿部、背部得到锻炼。

霜降
SHUANG JIANG
农时农事

霜降时节，我国北方大部分地区的秋收进入扫尾阶段，华北地区的大白菜即将收获，要加强后期管理。大棚种植的蔬菜作物要加强保温防寒，同时要控制棚内的温度和湿度，预防灰霉病、霜霉病、疫病等病害的发生。南方地区正是"三秋"大忙季节，单季杂交稻、晚稻开始收割，早茬麦、早茬油菜开始播种栽植，棉花摘完后及时拔除棉秸，翻整土地。

霜降

谚语俗语

秋雨透地，降霜来迟

霜降见霜，谷米满仓

九月霜降无霜打，十月霜降霜打霜

霜降种麦，不消问得

霜重见晴天

严霜出毒日，雾露是好天

霜后还有两喷花，摘拾干净把柴拔

时间到霜降，种麦就慌张

霜降播种，立冬见苗

坝里霜降点

寒露种菜，霜降种麦

霜降拢菜（白菜），立冬起菜

霜降拔葱，不拔就空

霜降萝卜，立冬白菜，小雪蔬菜都要回来

霜降摘柿子，立冬打软枣

寒露早，立冬迟，霜降收薯正适宜

霜降不摘柿，硬柿变软柿

霜降配羊清明羔，天气暖和有青草

霜降来临温度降，罗非鱼种要捕光，温泉温室来越冬，明年鱼种有保障

夏雨少，秋霜早；夏雨淋透，霜期退后

秋雁来得早，霜也来得早

风大夜无露，阴天夜无霜

今夜霜露重，明早太阳红

浓霜毒日头

霜后暖，雪后寒

一夜孤霜，来年有荒；多夜霜足，来年丰收

霜降降霜始（早霜），来年谷雨止（晚霜）

霜降
SHUANG JIANG
古代诗词

定情歌
〔汉〕张衡

大火流兮草虫鸣，繁霜降兮草木零。

秋为期兮时已征，思美人兮愁屏营。

九日登李明府北楼
〔唐〕刘长卿

九日登高望，苍苍远树低。

人烟湖草里，山翠县楼西。

霜降鸿声切，秋深客思迷。

无劳白衣酒，陶令自相携。

雁门太守行
〔唐〕李贺

黑云压城城欲摧，甲光向日金鳞开。

角声满天秋色里，塞上燕脂凝夜紫。

半卷红旗临易水，霜重鼓寒声不起。

报君黄金台上意，提携玉龙为君死！

赋得九月尽（秋字）
〔唐〕元稹

霜降三旬后，蓂馀一叶秋。

玄阴迎落日，凉魄尽残钩。

半夜灰移琯，明朝帝御裘。

潘安过今夕，休咏赋中愁。

巴江
〔宋〕晁公溯

巴江暮秋末，霜降千林空。

山色不改碧，蓼花无数红。

木叶感湘浦，莼羹忆江东。

艰难志当壮，吾未怨途穷。

谢令狐绹相公赐衣九事
〔唐〕贾岛

长江飞鸟外，主簿跨驴归。

逐客寒前夜，元戎予厚衣。

雪来松更绿，霜降月弥辉。

即日调殷鼎，朝分是与非。

霜月
〔宋〕陆游

枯草霜花白，寒窗月影新。

惊鸦时绕树，吠犬远随人。

出仕谗销骨，归耕病满身。

世间输坏衲，切莫劝冠巾。

山中感兴三首·其一
〔宋〕文天祥

山中有流水，霜降石自出。

骤雨东南来，消长不终日。

故人书问至，为言北风急。

山深人不知，塞马谁得失。

挑灯看古史，感泪纵横发。

幸生圣明时，渔樵以自适。

舟中杂纪·其十
〔元〕王冕

老树转斜晖，人家水竹围。
露深花气冷，霜降蟹膏肥。
沽酒心何壮，看山思欲飞。
操舟有吴女，双桨唱新归。

秋怀奉寄朱补阙
〔唐〕武元衡

上苑繁霜降，骚人起恨初。
白云深陌巷，衰草遍闲居。
暮色秋烟重，寒声牖叶虚。
潘生秋思苦，陶令世情疏。
已制归田赋，犹陈谏猎书。
不知青琐客，投分竟何如。

岁晚
〔唐〕白居易

霜降水返壑，风落木归山。
冉冉岁将宴，物皆复本源。
何此南迁客，五年独未还。
命屯分已定，日久心弥安。
亦尝心与口，静念私自言。
去国固非乐，归乡未必欢。
何须自生苦，舍易求其难。

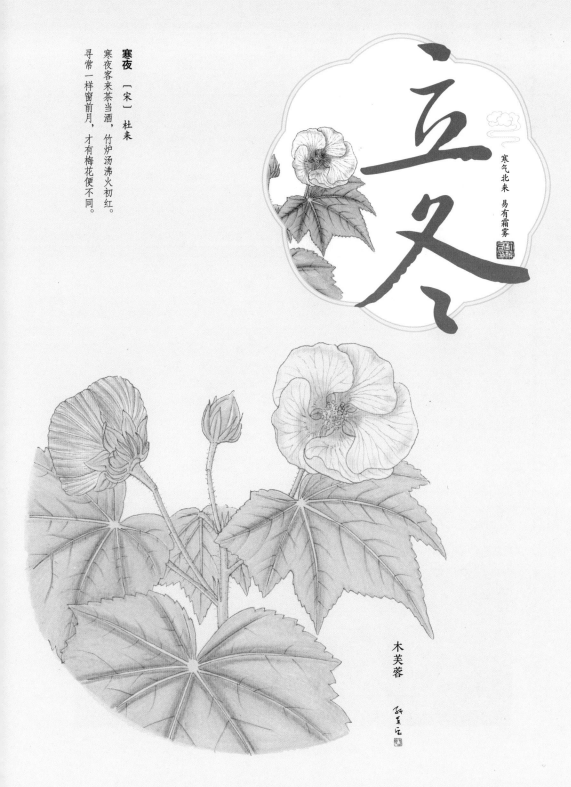

立冬

寒气北来 易有霜雾

寒夜 〔宋〕杜耒

寒夜客来茶当酒，竹炉汤沸火初红。

寻常一样窗前月，才有梅花便不同。

木芙蓉

立冬时节

高长青

立冬日，朔风起，冬日始，
春风得意秋雨失意，
心自向暖心便自安，
四季更替静待来年花开时。

立冬日，吃饺子，换新衣，
春困秋乏最喜此季，
围一炉火煮一壶茶，
一年轮回正是橙香橘黄时。

江南熏制腊味的仪式，
东北酸菜坛子的秘密，
记住乡愁的美食，
藏在基因深处的味觉印记。

立冬时节

作词：高长青
作曲：刁 勇

1=F 4/4 2/4

♩=96

```
3 3 3 3  3 2 1 1 | 2.  3  6 - | 2 2 1 6 1 1  3 5 |
```
立冬日， 朔风起， 冬 日 始， 春风得 意秋雨失
立冬日， 吃饺子， 换 新 衣， 春困秋 乏最喜此

```
3 - - - | 6 6 6 3 #4.3 3 2 | 3 - - - |
```
意， 心自向 暖 心便 自 安，
季， 围一炉 火 煮一 壶 茶，

```
1 1 2 2 3 5. 3 3 | 5 3 2 5 6  6 - | 2/4 6 - |
```
四季更 替静待 来年 花开时。
一年轮 回正是 橙香 橘黄时。

```
1 1 1 1 6 7 7 7 5 6 | 6 - - - | 4 4 4 4 6 5 5 5 5 6 7 |
```
江南熏 制腊味的 仪 式， 东北酸 菜坛子的 秘

```
3 - - - | 2. 3  3 4  6 - | 7 7 7  7 7 i  6 - |
```
密， 记住 乡愁 乡愁的 美 食，

```
4. 4 4 6 5 2. | 7 7 7 7 i 7 i 6. 6 - 0  0 ||
```
藏 在基因深处 深处的味觉印 记。

D. C.
D. S.

```
7 7 7 7 i 7 - | 6 - - - | 6 - - - ||
```
深处的味觉印 记。

立冬
LIDONG
物候特征

立冬三候

一候 | 水始冰

立冬后，水面偶有凝结，不过也只是薄薄的一层。

二候 | 地始冻

大地刚刚开始封冻，但还不是很坚硬。

三候 | 雉入大水为蜃

雉通称野鸡，蜃就是大蛤蜊。立冬后，雉一般不多见了，但是海边的大蛤蜊多了起来，所以古人误认为立冬以后，雉投入大海变为蜃。

立冬，北斗星斗柄指向"乾"，每年公历11月7日至8日，太阳黄经达225°时为立冬。据《月令七十二候集解》记载："立，建始也。""冬，终也，万物收藏也。"是指立冬以后，秋作物收获入仓，动物也进入巢穴隐藏起来准备过冬。立冬是冬季的开始，气候也由少雨干燥的秋季向风雪严寒的冬季转变。

立冬以后，北半球太阳光照时间将继续缩短，正午太阳的高度也逐渐降低。冬季西北风和北风逐渐多起来，气温随之逐渐下降。此时，因为地表的热能还有一定的贮存，所以立冬时节一般不会太冷；立冬之后，随着强冷空气频繁南下，天气才会越来越冷。东北地区，立冬前早已开启寒冷模式。

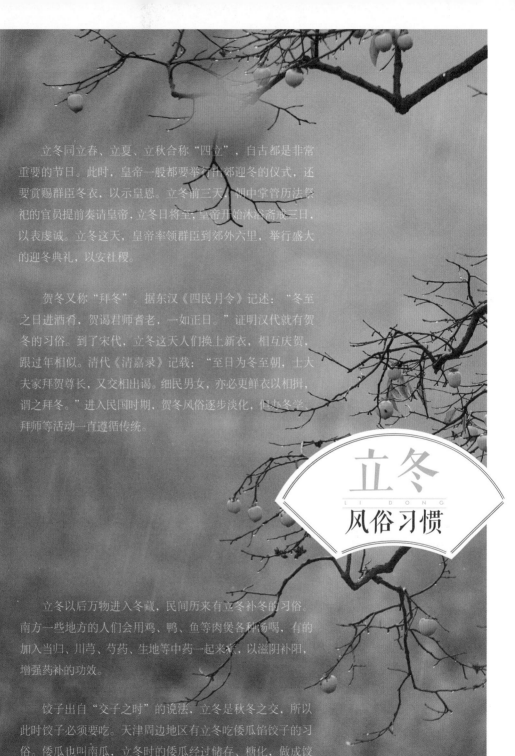

迎冬

立冬同立春、立夏、立秋合称"四立"，自古都是非常重要的节日。此时，皇帝一般都要举行出郊迎冬的仪式，还要赏赐群臣冬衣，以示皇恩。立冬前三天，即中掌管历法祭祀的官员提前奏请皇帝，立冬日将至，皇帝开始沐浴斋戒三日，以表虔诚。立冬这天，皇帝率领群臣到郊外六里，举行盛大的迎冬典礼，以安社稷。

贺冬

贺冬又称"拜冬"。据东汉《四民月令》记述："冬至之日进酒肴，贺谒君师耆老，一如正日。"证明汉代就有贺冬的习俗。到了宋代，立冬这天人们换上新衣，相互庆贺，跟过年相似。清代《清嘉录》记载："至日为冬至朝，士大夫家拜贺尊长，又交相出谒。细民男女，亦必更鲜衣以相揖，谓之拜冬。"进入民国时期，贺冬风俗逐步淡化，但办冬学拜师等活动一直遵循传统。

立冬
LI DONG
风俗习惯

补冬

立冬以后万物进入冬藏，民间历来有立冬补冬的习俗。南方一些地方的人们会用鸡、鸭、鱼等肉煲各种汤喝，有的加入当归、川芎、芍药、生地等中药一起来煮，以滋阴补阳，增强药补的功效。

吃饺子

饺子出自"交子之时"的说法，立冬是秋冬之交，所以此时饺子必须要吃。天津周边地区有立冬吃倭瓜馅饺子的习俗。倭瓜也叫南瓜，立冬时的倭瓜经过储存、糖化，做成饺子馅甘甜软糯，味道与夏天时的大不一样。

立冬
LI DONG

饮食起居

立冬时节，气候多变，阳气收敛，人体阳气渐敛藏于肾水，所以冬季养生首先要重视阳气的敛藏。

早卧晚起

关于冬日起居，《黄帝内经》中说，要"早卧晚起，必待日光"。也就是说，冬季寒冷，早睡晚起能保证充足的睡眠，不会扰动阳气，导致破坏人体阴阳转换的生理机能；太阳升则阳气升，日出以后起床活动，有利于敛藏阳气、蓄积阴精。

多喝汤粥

立冬后空气湿度变小，常伴大风天气，导致皮肤干燥瘙痒、粗糙脱屑，甚至造成皲裂。平常应多喝水，饮食上多熬汤粥、多吃富含维生素A的食物来滋阴润燥。

注意五暖

立冬时节，气温骤降，寒邪入侵，容易形成血栓，造成栓塞、心梗、脑梗等病症，甚至危及人的生命。最好的养护就是做好防寒保暖。除去日常着装保暖和保持室内温暖舒适，还要做好以下"五暖"。

晨起暖：早晨醒来不要着急起床，特别是室内温度不高时，更应在被褥中多待一会儿，活动一下身体，逐步适应室内温度以后再穿衣下床。

洗漱暖：冬季洗脸、刷牙，一定要用温水。

起夜暖：夜间如厕时，最好穿一件厚睡衣，以免着凉。

出行暖：寒冷天气外出时，要戴手套、帽子、围巾，做好头、颈、手、脚等部位的保暖防寒。晨练不宜过早，晚练不要过迟。

洗浴暖：冬季沐浴、洗漱时，要适当提高浴室的温度，水温也要适宜，洗浴后要做好保暖，头发要及时吹干。

立冬后，东北地区大地封冻，作物进入越冬期；江淮地区"三秋"结束；华北、黄淮地区的气温一般下降到日均4℃左右，应抓紧时机浇好小麦"封冻水"，补充土壤水分，减少冻害发生的概率；江南、华南地区则要做好清沟排水，防止冬季渍涝和冻害发生。大棚蔬菜管理要注意保温，白天气温高时在背风口揭膜通气，晚上做好密封保暖。

立冬

谚语俗语

立冬不端饺子碗，冻掉耳朵没人管

立冬打雷要反春

立冬之日起大雾，冬水田里点萝卜

立冬北风冰雪多，立冬南风无雨雪

立冬那天冷，一年冷气多

立冬前犁金，立冬后犁银，立春后犁铁

立冬晴，一冬晴；立冬雨，一冬雨

立冬落雨会烂冬，吃得柴尽米粮空

立冬补冬，补嘴空

霜降下柿子，立冬吃软枣

立冬东北风，冬季好天空

立冬南风雨，冬季无凋（干）土

立冬有雨防烂冬，立冬无雨防春旱

重阳无雨看冬至，冬至无雨晴一冬

立冬小雪紧相连，冬前整地最当先

立冬不吃糕，一死一旮旯

立冬有风，立春有雨；冬至有风，夏至有雨

立冬种豌豆，一斗还一斗

今冬麦盖三层被，明年枕着馒头睡

种麦到立冬，种一缸，打一瓮

立了冬，耧再摇，种一葫芦打两瓢

种麦到立冬，费力白搭工

立冬不倒股，不如土里捂

立冬不分针，不如土里蹲

立冬不倒针，不如土里闷

立冬不倒股，就怕雪来捂

立冬节到，快把麦浇

立冬古代诗词

立冬即事二首
〔宋〕仇远

细雨生寒未有霜，庭前木叶半青黄。
小春此去无多日，何处梅花一绽香。

立冬
〔唐〕李白

冻笔新诗懒写，寒炉美酒时温。
醉看墨花月白，恍疑雪满前村。

释疾文·悲夫
〔唐〕卢照邻

春也万物熙熙焉，感其生而悼其死；
夏也百草榛榛焉，见其盛而知其阑；
秋也严霜降兮，殷忧者为之不乐；
冬也阴气积兮，愁颜者为之鲜欢。

立冬
〔明〕王穉登

秋风吹尽旧庭柯，黄叶丹枫客里过。
一点禅灯半轮月，今宵寒较昨宵多。

立冬前一日霜对菊有感
〔宋〕钱时

昨夜清霜冷絮裯，纷纷红叶满阶头。
园林尽扫西风去，惟有黄花不负秋。

立冬
〔宋〕紫金霜

落水荷塘满眼枯，西风渐作北风呼。
黄杨倔强尤一色，白桦优柔以半疏。
门尽冷霜能醒骨，窗临残照好读书。
拟约三九吟梅雪，还借自家小火炉。

立冬日野外行吟
〔宋〕释文珦

吟行不惮遥，风景尽堪抄。
天水清相入，秋冬气始交。
饮虹消海曲，宿雁下塘坳。
归去须乘月，松门许夜敲。

立冬闻雷
〔宋〕苏辙

阳淫不收敛，半岁苦常燠。
禾黍饲蝗螟，粳稻委平陆。
民饥强扶未，秋晚麦当宿。
闵然候一雨，霜落水泉缩。
荟蔚山朝隮，滂沱雨翻渎。
经旬势益暴，方冬岁愈蹙。
半夜发春雷，中天转车毂。
老夫睡不寐，稚子起惊哭。
平明视中庭，松菊半摧秃。
潜发枯草萌，乱起蛰虫伏。
薪樵不出市，晨炊午未熟。
首种不入土，春饷难满腹。
书生信古语，洪范有遗牍。
时无中垒君，此意谁当告。

九月二十六日雪予未之见
北人云大都是时亦无
[元] 方回

立冬犹十日，衣亦未装绵。
半夜风翻屋，侵晨雪满船。
非时良可怪，吾老最堪怜。
通袖藏酸指，凭栏耸冻肩。
枯肠忽萧索，残菊尚鲜妍。
贫苦无食者，应多疾病缠。

立冬夜舟中作
[宋] 范成大

人逐年华老，寒随雨意增。
山头望樵火，水底见渔灯。
浪影生千叠，沙痕没几棱。
峨眉欲还观，须待到晨兴。

立冬日作
[宋] 陆游

室小财容膝，墙低仅及肩。
方过授衣月，又遇始裘天。
寸积篝炉炭，铢称布被绵。
平生师陋巷，随处一欣然。

早冬
[唐] 白居易

十月江南天气好，可怜冬景似春华。
霜轻未杀萋萋草，日暖初干漠漠沙。
老柘叶黄如嫩树，寒樱枝白是狂花。
此时却羡闲人醉，五马无由入酒家。

大德歌·冬景　〔元〕关汉卿

雪粉华，舞梨花，

再不见烟村四五家。

密洒堪图画，看疏林噪晚鸦。

黄芦掩映清江下，

斜缆着钓鱼艖。

闭塞成冬　凝而为雪

小雪

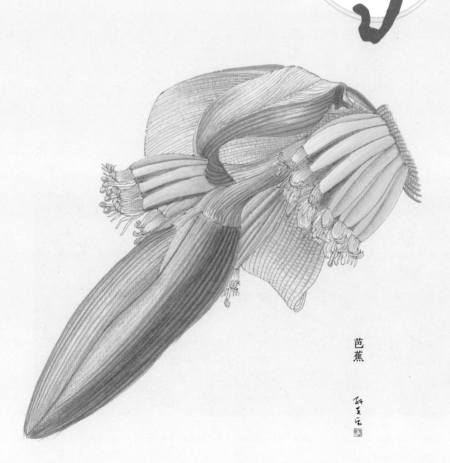

芭蕉

小雪时节

高长青

鸿雁一去千里远，
天地物候多变迁，
时节流转总感光阴似箭，
原野静默休养生息归自然。

浓霜一层染苍山，
长风无尽正清寒，
小雪未雪总是殷殷期盼，
山河入冬斑斓褪去归平淡。

小雪，小雪，
生在北国落地江南，
冰清玉洁如梦似幻；
不求轰轰烈烈，
唯愿冬日有暖你我安然。

小雪时节

作词：高长青
作曲：刁　勇

1=F 4/4

♩=94

```
1 1  1 2 3 2  1 6  |  5 - - -  ‖  1 1  1 2 5 3  1 6  ‖
鸿 雁 一 去 千 里  远，          天 地 物 候 多  变
浓 霜 一 层 染 苍  山，          长 风 无 尽 正  清

2 - - -  |  3 3  3 4 5 5  3  |  3 2  2 1  6 -  |
迁，          时 节 流 转 总 感  光 阴 似  箭，
寒，          小 雪 未 雪 总 是  殷 殷 期  盼，

2 2  1 6 1 1  2 2 3  |  2  6  3  2 - :‖  2  6  2  1 -  ‖
原 野 静 默 休 养 生 息  归  自  然。     归  平  淡。
山 河 入 冬 斑 斓 褪 去
```

```
0 5  3 5 6 5 6 1  |  2 . 2 2 1  6 6  3  |  2 - - -  |
小 雪， 小  雪，    生 在 北 国 落 地 江  南，

0 5  5 3 6 5 3  |  0 2 2 1 2 1 6  |  0 5  6 1 6 2 3  |
冰 清 玉 洁      如 梦 似 幻；    不 求 轰 轰 烈 烈，

3 - 0 5  3  |  2 2 3 6 6  1  |  2 1 . 1 -  ‖
唯 愿 冬 日 有 暖  你 我 安 然。
```

D.C.
D.S.

```
0 5  3 2 2 3 6 .  |  6 6  1  2 -  |  1 - - -  ‖
唯 愿 冬 日 有 暖  你 我 安  然。
```

小雪

X I A O X U E

物候特征

小雪三候

一候 | 虹藏不见

小雪时节，雨水渐少，夏天雨过天晴后的彩虹也就藏匿不见了。

二候 | 天气上升，地气下降

小雪以后，天地间浊气下沉，清气上扬，令人顿感清冷肃穆。

三候 | 闭塞而成冬

小雪后阴阳两气不交，天地闭塞不通，万物失去生机，一派冬天的景象。

小雪，北斗星斗柄指向"亥"，每年公历 11 月 22 日至 23 日，太阳黄经达 240° 时为小雪。据《月令七十二候集解》记载："十月中，雨下而为寒气所薄，故凝而为雪。小者未盛之辞。"《群芳谱》记载："小雪气寒而将雪矣，地寒未甚而雪未大也。" 小雪节气，寒潮和强冷空气活动频繁。

小雪时节的气候特征主要是寒流比较活跃，降水量较少。"小雪"并不是说这个节气的雪量小。小雪节气，东亚地区形成较稳定的经向环流，西伯利亚地区常有低压或低槽出现，向东移动时会有大规模的冷空气南压，我国东南部会有较大范围的大风降温天气。我国东北地区此时已是"千里冰封，万里雪飘"的景象。

吃糍粑

小雪时节，我国南方地区有吃糍粑的习俗。糍粑用糯米蒸熟捣捶制成。自古以来，糍粑就是南方地区流行的一种美食，也是用来祭牛神的供品。俗语说"十月朝，糍粑碌碌烧"。"碌碌烧"是客家语言，"碌"形象地描述了用筷子卷起糯米粉团，像车轱辘一样四周滚动，使糍粑表面粘上芝麻、花生碎、砂糖等的过程；"烧"是指热气腾腾。吃糍粑一是要热，二是要玩，三是要斗，体现了农家的乐趣。

腌腊肉

小雪时节南方一些地区有腌腊肉的习俗。小雪以后气温下降，空气干燥，正是加工腊肉的好时机。做香肠、腊肉是储备多余肉类的传统方法，小雪时动手制作，春节期间正好享用。

小雪 XIAO XUE
风俗习惯

晒鱼干

我国台湾地区中南部的渔民们通常在小雪时节开始晒鱼干。因为小雪前后有大批乌鱼、旗鱼、沙鱼来到台湾海峡。台湾地区有谚语讲"十月豆，肥到不见头"，就是说到了农历十月可以捕到"豆仔鱼"。台湾地区的渔民晒制的鱼干最为正宗。

吃刨汤

小雪节气"吃刨汤"是土家族"杀年猪，迎新年"的风俗习惯。土家人把刚刚宰杀的猪，用开水褪毛，趁着猪肉热气尚存，精心烹制成各种美味的鲜肉大餐，这就叫作"刨汤肉"。

小雪

XIAO XUE

饮食起居

小雪前后，空气寒冷干燥，天地间阳气继续向下收敛，养生要注意减少消耗，储藏阳气。

早卧晚起

冬季日常起居应"早卧晚起，必待日光"，保证充足睡眠来固护阳气，以待来年生发。冬天最好的起床、活动时间就是太阳出来以后，此时地面的寒气被阳光驱散，可防止寒邪伤到人的阳气，另外，能够起到壮人阳气、温经通脉的作用。

去火去燥

　　小雪节气一般室外比较干燥寒冷、室内则温暖燥热，人体津液被外在环境的干燥吸榨。另外，冬天的饮食一般偏温补，容易上火，一旦遇到寒邪侵袭就非常容易感冒。所以，小雪期间，在吃温热食物的同时，可适量吃一些萝卜、山楂、山药、菠菜、白菜、黑木耳等去燥滋阴的食物。清晨，空腹喝上一杯温白开，补充体内夜间流失的水分，从而降低血液黏度，预防心脑血管疾病的发生。

着装御寒

　　小雪节气着装要做到随温度升降，及时增减。

　　防脚凉。脚距离心脏最远，脂肪少、血管不丰富，出门要穿保暖性能好的鞋、袜。睡觉前用温水泡泡脚是个好习惯，可以扩张下肢血管，改善头部缺血症状，有助于睡眠。

　　防冻头。头部是所有阳经汇聚的地方，绝不能受到风寒侵袭，因此出门一定要戴帽子，注意头部的保暖。

　　保胸背。前胸、后背部位是心血管系统的区域，胸背一旦受到风寒，血管就会出现痉挛，极易诱发冠心病和呼吸系统疾病。

　　护肾脾。中医讲"肾为先天之本，脾为后天之本"。

　　冬季养生一定要护好腰腹。比较简便实用的方法是以肚脐为中心，从小圈到大圈由里向外揉搓按摩腹部，可以经常用手上下揉搓腰部，直至感到发热。

小雪
XIAO XUE
农时农事

　　小雪节气的农事活动依旧繁杂。大棚种植的蔬菜白天要注意通风透气，夜间或者寒潮来临时要做好防寒保温，同时要做好病害预防。北方大白菜收获前十天左右就要停止浇水，做好防冻工作，选择晴天适时收获。小雪节气后，北方地区的果农们开始修枝，用塑料薄膜或草秸编箔包扎株干，以保温防冻，另外，要全面清园治虫。

小雪

谚语俗语

节到小雪天下雪

夹雨夹雪，无休无歇

小雪节到下大雪，大雪节到没了雪

瑞雪兆丰年

小雪大雪不见雪，小麦大麦粒要瘪

小雪封地，大雪封河

小雪封地地不封，大雪封河河无冰

小雪不耕地，大雪不行船

小雪地能耕，大雪船帆撑

小雪不封地，不过三五日

小雪地不封，大雪还能耕

小雪封地地不封，老汉继续把地耕

地不冻，犁不停

早晚上了冻，中午还能耕

趁地未冻结，浇麦不能歇

小雪不把棉柴拔，地冻镰砍就剩茬

先下小雪有大片，先下大片后天晴

小雪不起菜（白菜），就要受冻害

小雪不砍菜，必定有一害

冬吃萝卜夏吃姜，不用医生开药方

萝卜挑上街，药铺不用开

小雪虽冷窝能开，家有树苗尽管栽

到了小雪节，果树快剪截

节气到冬天，畜棚栏圈要堵严

地未冻，快平整

时到小雪，打井修渠莫歇

小雪到来天渐寒，越冬鱼塘莫忘管

小雪

XIAO XUE

古代诗词

夜泊荆溪
〔唐〕 陈羽

小雪已晴芦叶暗，长波乍急鹤声嘶。
孤舟一夜宿流水，眼看山头月落溪。

问刘十九
〔唐〕 白居易

绿蚁新醅酒，红泥小火炉。
晚来天欲雪，能饮一杯无？

小雪
〔唐〕 李咸用

散漫阴风里，天涯不可收。
压松犹未得，扑石暂能留。
阁静萦吟思，途长拂旅愁。
崆峒山北面，早想玉成丘。

和萧郎中小雪日作
〔唐〕 徐铉

征西府里日西斜，独试新炉自煮茶。
篱菊尽来低覆水，塞鸿飞去远连霞。
寂寥小雪闲中过，斑驳轻霜鬓上加。
算得流年无奈处，莫将诗句祝苍华。

次韵张秘校喜雪三首
〔宋〕 黄庭坚

一

满城楼观玉阑干，小雪晴时不共寒。
润到竹根肥腊笋，暖开蔬甲助春盘。
眼前多事观游少，胸次无忧酒量宽。
闻说压沙梨已动，会须鞭马蹋泥看。

二

巷深朋友稀来往，日晏儿童不扫除。
雪里正当梅腊尽，民饥可待麦秋无。
寒生短棹谁乘兴，光入疏棂我读书。
官冷无人供美酒，何时却得步兵厨。

三

落月烟沙静渺然，好风吹雪下平田。
琼瑶万里酒增价，桂玉一炊人少钱。
学子已占秋食麦，广文何憾客无毡。
睡余强起还诗债，腊里春初未隔年。

小雪日戏题绝句
〔唐〕 张登

甲子徒推小雪天，刺梧犹绿槿花然。
融和长养无时歇，却是炎洲雨露偏。

小雪
〔唐〕 戴叔伦

花雪随风不厌看，更多还肯失林峦。
愁人正在书窗下，一片飞来一片寒。

小雪

[唐] 无可

片片互玲珑，飞扬玉漏终。

乍微全满地，渐密更无风。

集物圆方别，连云远近同。

作膏凝瘠土，呈瑞下深宫。

气射重衣透，花窥小隙通。

飘秦增旧岭，发汉揽长空。

迥冒巢松鹤，孤鸣穴岛虫。

过三知腊尽，盈尺贺年丰。

委积休闻竹，稀疏渐见鸿。

盖沙资澶漫，洒海助冲融。

草木潜加润，山河更益雄。

因知天地力，覆育有全功。

小雪

[宋] 释善珍

云暗初成霰点微，旋闻萩萩洒窗扉。

最愁南北犬惊吠，兼恐北风鸿退飞。

梦锦尚堪裁好句，鬓丝那可织寒衣。

拥炉睡思难撑拄，起唤梅花为解围。

心园春

[宋] 陈睦

小雪初晴，画舫明月，强饮未眠。

念翠鬟双耸，舞衣半卷，琵琶催拍，促管危弦。

密意虽具，欢期难偶，遣我离情愁绪牵。

追思处，奈溪桥道窄，无计留连。

天天。莫是前缘。自别后、深诚谁为传。

想玉篦偷付，珠囊暗解，两心长在，须合金钿。

浅淡精神，温柔情性，记我疏狂应痛怜。

空肠断，奈衾寒漏永，终夜如年。

和张仆射塞下曲·其三

〔唐〕卢纶

月黑雁飞高，单于夜遁逃。

欲将轻骑逐，大雪满弓刀。

河湖冰封　万物凋敝

大雪

仙人掌

大雪时节

高长青

大雪纷纷天寒地冻，
这是隆冬给予的无私馈赠，
银装素裹万物包容，
润物无声隐隐暗藏萌动。

大雪霏霏江河冰封，
那是大地发来的真挚邀请，
天地同色山河入梦，
踏雪寻梅幽幽暗香浮动。

你风尘仆仆满怀着深情，
一路匆匆和大地紧紧相拥，
悄无声息把自己
深深地、深深地融进泥土中。

大雪时节

作词：高长青
作曲：刁　勇

1=D 6/8

♩=96

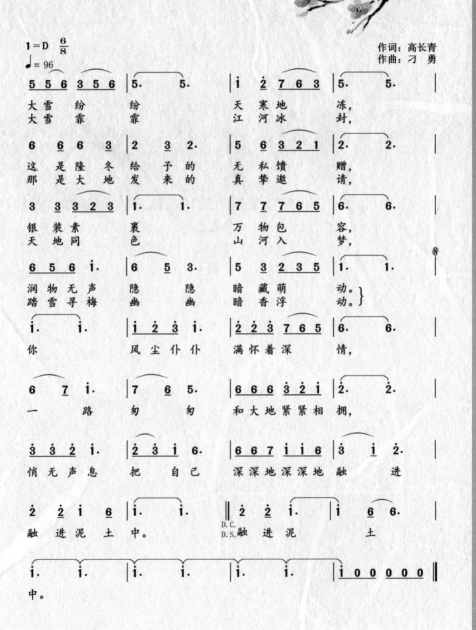

5 5 6 3 5 6 | 5. 5. | i 2 7 6 3 | 5. 5. |
大雪　纷　纷　　天寒地　冻，
大雪　霏　霏　　江河冰　封，

6 6 6 3 | 2 3 2. | 5 6 3 2 1 | 2. 2. |
这是隆冬给予的　无私馈　赠，
那是大地发来的　真挚邀　请，

3 3 3 2 3 | 1. 1. | 7 7 7 6 5 | 6. 6. |
银装素　裹　　万物包　容，
天地同　色　　山河入　梦，

6 5 6 i. | 6 5 3. | 5 3 2 3 5 | 1. 1. |
润物无声　隐　隐　暗藏萌　动，
踏雪寻梅　幽　幽　暗香浮　动。}

i. i. | i 2 3 i. | 2 2 3 7 6 5 | 6. 6. |
你　　风尘仆仆　满怀着深　情，

6 7 i. | 7 6 5. | 6 6 6 3 2 i | 2. 2. |
一　路　匆　匆　和大地紧紧相　拥，

3 3 2 i. | 2 3 i 6. | 6 6 7 i i 6 | 3 i 2. |
悄无声息　把　自己　深深地深深地融　进

2 2 i 6 | i. i. ‖ 2 2 i. | i 6 6. |
融　进泥　土　中。 D.C.　融进泥　　土
　　　　　　　　　D.S.

i. i. | i. i. | i. i. | i 0 0 0 0 0 ‖
中。

大雪 物候特征
DA·XUE

大雪三候

一候 | 鹖鴠 (hé dàn) 不鸣

鹖鴠即寒号鸟。大雪时节天气寒冷，连寒号鸟也不再鸣叫。

二候 | 虎始交

大雪节气，感觉到阳气萌动，山中老虎开始有了求偶行为。

三候 | 荔挺出

荔挺是一种细小的兰草。大雪节气将过，荔挺逐渐萌动，开始抽出新芽。

大雪，北斗星斗柄指向"壬"，每年公历12月6日至8日，太阳黄经达255°时为大雪。大雪节气标志着仲冬时节正式开始。据《月令七十二候集解》记载："大雪，十一月节，大者盛也，至此而雪盛也。"大雪是指相比小雪节气天气更冷，降雪的可能性更大，并不是指降雪量一定会很大。

大雪时节，我国大部分地区最低气温一般都降到0℃或0℃以下。在强冷空气前部冷暖空气交锋的地方，会降大到暴雪。厚厚的积雪覆盖着大地，使地面温度不因寒流侵袭而更低，为冬季作物创造良好的越冬环境。积雪融化以后，土壤增加了水分含量，可供作物生长。雪水中氮的含量是雨水中的多倍，有一定的肥力，正所谓"瑞雪兆丰年"。

喝红薯粥

鲁北地区流传着"碌碡顶了门，光喝红黏粥"的谚语。在粮食比较匮乏的年代，大雪以后大地冰封，田地里基本没有农活儿，人们相互很少串门，各自待在家里喝上一碗热乎乎的红薯粥充饥度日。

观赏封河

常言道"小雪封地，大雪封河"，大雪节气北方地区河湖冰冻，已是"千里冰封，万里雪飘"的景象，人们可以在厚厚的冰面上尽情地滑冰嬉戏。

大雪进补

"冬天进补，开春打虎"，大雪节气是"冬补"的好时机。冬令进补能提高人体的免疫力，促进新陈代谢，有助于体内阳气的生发，有利于抵御严寒。

大雪腌肉

"小雪腌菜，大雪腌肉"是南京地区流传的一句俗语。大雪一到，各家各户开始腌制"咸货"。锅里放上大盐、八角、桂皮、花椒、白糖等进行翻炒，炒熟凉透后，涂抹在清洗干净的猪肉外表，用手反复揉搓至肉色转暗，把肉连同剩下的盐一起放入缸中，拿石块压住，放在背光的地方，半个月后取出腌肉晾干，把腌出的卤汁加上水烧开，撇去浮沫备用。晾干的腌肉一层层地码放在缸内，倒入盐卤汁，再将石块压上，腌制十天后取出，挂起来晾晒，春节时便可食用。

大雪

DA XUE

风俗习惯

大雪
DA XUE
饮食起居

大雪节气养生要在"藏"字上下功夫，注意敛藏神气，保持肺气清肃，防止过度开泄。

睡要早卧晚起

大雪期间要坚持"早卧晚起"的起居规律，尽量避免阳气外泄。最好在晚九点到十一点之间入睡。适当早睡可使肾气更盛，人的机体积蓄更多的能量，增强闭藏的能力。

穿需贴身透气

大雪时节早晚温差大，风雪天增多，穿着要注重保暖、贴身、透气，保护身体内的阳气免受开泄。夜晚温度降低，睡觉时要开足暖风，适当添加衣被，保证四肢暖和、气血流畅。外出要注意头的保暖，因为头部的血管密集，耗氧量大，热量散发得多，戴帽子可以有效地保暖；还要注意脚的保暖，一旦受寒会引起毛细血管收缩，降低抗病能力，甚至导致呼吸道感染。

食多熬粥喝汤

　　大雪时节需要"进补"，适当多熬煮汤粥，在滋补阴津的同时，还能够减轻消化肉食带给身体的负担。小米粥、玉米粥、番薯粥、燕麦粥、黑米八宝粥、胡桃粥等杂粮粥是滋补的佳品，这些大都是谷物的种子，凝聚了植物的精华，也是繁衍生息的载体，适当多食可以补精益髓，还有益肾功效。另外，适当加入一些红枣、荔枝、桂圆、核桃、枸杞等药食同源的食物也是很好的选择。但是进补不宜过度，要严防内生积热，导致病邪入里。

　　大雪节气相比小雪节气，天气更冷，雨雪更多，农事也要格外重视。江淮以南地区小麦、油菜生长缓慢，要注意施肥，为安全越冬和来年开春生长打下基础。华南、西南的冬小麦进入分蘖期，要结合中耕施好分蘖肥。大雪时节日短夜长，大棚栽培的蔬菜作物晴天要早揭晚盖、多见阳光，雪后及时清理积雪，提高棚内温度，促进作物的生长。

大雪

谚语俗语

冬有三天雪，人道十年丰

今冬雪不断，明年吃白面

雪盖山头一半，麦子多打一石

雪在田，麦在仓

大雪河封住，冬至不行船

大雪不寒明年旱

今冬麦盖一尺被，明年馒头如山堆

冬天麦盖三层被，来年枕着馒头睡

麦浇小，谷浇老，雪盖麦苗收成好

大雪三白，有益菜麦

大雪纷纷落，明年吃馍馍

大雪不冻倒春寒

冬雪一层面，春雨满囤粮

大雪封地一薄层，拖拉机还能把地耕

下雪不冷化雪冷

寒风迎大雪，三九天气暖

大雪兆丰年，无雪要遭殃

冬雪消除四边草，来年肥多虫害少

冬无雪，麦不结

大雪半溶加一冰，明年虫害一扫空

大雪不冻，惊蛰不开

霜前冷，雪后寒

白雪堆禾塘，明年谷满仓

化雪地结冰，上路要慢行

雪姐久留住，明年好谷收

大雪晴天，立春雪多

大雪
DAXUE
古代诗词

使东川·南秦雪
〔唐〕元稹

帝城寒尽临寒食，骆谷春深未有春。
才见岭头云似盖，已惊岩下雪如尘。
千峰笋石千株玉，万树松萝万朵银。
飞鸟不飞猿不动，青骢御史上南秦。

观雪二首·其一
〔宋〕杨万里

坐看深来尺许强，偏於薄暮发寒光。
半空舞倦居然懒，一点风来特地忙。
落尽琼花天不惜，封它梅蕊玉无香。
倩谁细撚成汤饼，换却人间烟火肠。

逢雪宿芙蓉山主人
〔唐〕刘长卿

日暮苍山远，天寒白屋贫。
柴门闻犬吠，风雪夜归人。

江雪
〔唐〕柳宗元

千山鸟飞绝，万径人踪灭。
孤舟蓑笠翁，独钓寒江雪。

送棋僧惟照
〔宋〕文同

学成九章开方诀，诵得一行乘除诗，
自然天性晓绝艺，可敌国手应吾师。
窗前横榻拥炉处，门外大雪压屋时，
独翻旧局辨错着，冷笑古人心许谁？

喜从弟雪中远至有作
〔唐〕杜荀鹤

深山大雪懒开门，门径行踪自尔新。
无酒御寒虽寡况，有书供读且资身。
便均情爱同诸弟，莫更生疏似外人。
昼短夜长须强学，学成贫亦胜他贫。

大雪独留尉氏
〔宋〕苏轼

古驿无人雪满庭，有客冒雪来自北。
纷纷笠上已盈寸，下马登堂面苍黑。
苦寒有酒不能饮，见之何必问相识。
我酌徐徐不满觞，看客倒尽不留湿。
千门昼闭行路绝，相与笑语不知夕。
醉中不复问姓名，上马忽去横短策。

和周谏御洛城见雪
〔唐〕裴夷直

天街飞缕踏琼英，四顾全疑在玉京。
一种相如抽秘思，兔园那比凤凰城。

雪梅

〔宋〕 卢梅坡

梅雪争春未肯降，骚人阁笔费评章。

梅须逊雪三分白，雪却输梅一段香。

晚望二首·其一

〔宋〕 杨万里

月是小春春未生，节名大雪雪何曾。

夕阳不管西山暗，只照东山八九棱。

终南望余雪

〔唐〕 祖咏

终南阴岭秀，积雪浮云端。

林表明霁色，城中增暮寒。

雪诗

〔唐〕 张孜

长安大雪天，鸟雀难相觅。

其中豪贵家，捣椒泥四壁。

到处爇红炉，周回下罗幂。

暖手调金丝，蘸甲斟琼液。

醉唱玉尘飞，困融香汗滴。

岂知饥寒人，手脚生皴劈。

大雪书怀

〔宋〕 范成大

天将奇赏发清欢，畴昔登临插羽翰。

梅下寻诗骑马滑，松梢索酒倚楼寒。

闭门老子愁无赖，返棹归来兴已阑。

聊掬玉尘添石鼎，自煎鱼眼破龙团。

冬至

终藏之气 至此而极

瑞香

二十四节气组歌 | 歌词曲谱

冬至数九天，将近到年关，
夜至长，昼至短，
插一枝梅花暖意融融，
蚯蚓结，麋角解，山泉流暖。

冬至大如年，人间小团圆，
包水饺，煮汤圆，
泡一壶好茶热气腾腾，
炊烟起，游子归，九九消寒。

春生冬至，春已不远，
新的生命开始孕育繁衍，
新的期盼都将圆圆满满，
春暖花开一切都会如期如愿。

冬至时节

作词：高长青
作曲：刁勇

1=F 4/4
♩=84

```
3 3 2 3 6·  3·2 1 | 2 2 3 7 6 5 6  6 - | 1 6  1 - - |
冬 至 数 九 天，    将 近 到 年 关， 夜 至 长，
冬 至 大 如 年，    人 间 小 团 圆， 包 水 饺，

5 5 6 3 - - | 3 5  5 3 5 6  6· | 5 6  1 2 2 - |
昼 至 短，      插 一 枝 梅 花  暖 意 融 融，
煮 汤 圆，      泡 一 壶 好 茶  热 气 腾 腾，

2 2 3 6  5 5 6 | 7 7  5 6  6 - : | 6 6  5 6 1 7 6 6 |
蚯 蚓 结，麋 角 解， 山 泉 流 暖。     春 生  冬 至，
炊 烟 起，游 子 归， 九 九 消 寒。

7 6 7  5 6 7 6 - | 6· 6 6 3 2 3 2 6 | 1 1  2 5 4 3 - |
春 已 不   远， 新 的 生 命 开 始  孕 育 繁 衍，

6· 3  3·2 1 1 2 | 3 3  2 3 6 - | 3 5 6 3 3 2 7 6 |
新 的 期 盼 都 将 圆 圆 满 满，   春 暖 花 开 一 切 都 会

5 5  7 6 - ‖ 3 5 6 3 3 2 7 6 | 5 5  7 - - |
如 期 如 愿。   春 暖 花 开 一 切 都 会 如 期 如
D.C.
D.S.

6 - - - | 6 - - - | 6 0 0 0 ‖
愿。
```

冬至 物候特征
DONG ZHI

冬至三候

一候 | 蚯蚓结

冬至时节阳气虽已萌动，但阴气仍十分强盛，土里的蚯蚓依然蜷缩着身体。

二候 | 麋角解

麋与鹿属于同科，但古人认为两者阴阳不同，麋的角向后生长，所以为阴，冬至阳气渐生，阴气渐退而麋角脱落。

三候 | 水泉动

冬至阳气初生，山中的泉水开始缓缓流动。

冬至，北斗星斗柄指向"子"，每年公历12月21日至23日，太阳黄经达270°时为冬至。冬至，又称为日南至、冬节、亚岁、拜冬等。古时候有"冬至大如年"的说法。据《汉书》记载："冬至阳气起，君道长，故贺。"据《晋书》记载："魏晋冬至日受万国及百僚称贺……其仪亚于正旦。"古人认为冬至过后，白天一天比一天长，阳气渐渐回升，是一个循环的开端，值得庆贺。

冬至这天是太阳直射点向南移动的顶点，冬至日太阳直射南回归线，太阳光线向北半球最为倾斜，高度角最小，是北半球白天最短、黑夜最长的一天。

冬至过后进入"数九"寒天，每九天为"一九"，"三九"前后，地面积蓄的热量最少，天气也最冷，故有"冷在三九"之说。

吃饺子

俗语讲"冬至不端饺子碗，冻掉耳朵没人管"，我国北方冬至这天，不论贫富，家家户户必定要吃饺子。这一习俗的由来，相传是人们感念"医圣"张仲景发明"祛寒娇耳汤"的治病之恩。

祭天祭祖

古时候，冬至这天，各家把家谱、祖先像、牌位等供在上厅，安放供桌，摆好香炉、供品等祭拜祖宗。祭祖的同时，也祭祀天神、土地神，祈求来年风调雨顺、人丁兴旺。

台湾糯糕

我国台湾地区一直保留着冬至用九层糕祭祖的传统。用糯米粉捏成鸡、鸭、龟、猪、牛、羊等象征吉祥如意、福禄寿的动物形状，然后用蒸笼分层蒸制而成，用来祭祖。祭典之后还要大摆宴席，招待前来祭祖的宗亲，大家开怀畅饮，互叙感情，称为"食祖"。

吃汤圆

冬至吃汤圆是江南地区流行的习俗。民间有"吃了汤圆大一岁"的说法。人们还在冬至日制作汤圆用来祭祖，也用于赠送亲朋，赋予了团团圆圆的美好寓意。

九九消寒

从冬至的次日开始"数九"，数上九天为"一九"，再数九天为"二九"，以此类推，一直数到"九九"就算"出九"。入九以后，古时候的文人墨客喜欢聚集在一起举办消寒活动，选择一个"九"日，相约九个人边饮酒（"九"的谐音）边吟诗作赋，以"花九件"为席，席上摆放九个碟九个碗，取"九九消寒"之意。

冬至
DONG ZHI
风俗习惯

冬至 DONG ZHI

饮食起居

冬至是一年中阴阳转换的关键节气，此时养生要护阴养阳两者兼顾。

起居早睡晚起

"冬气之应，养藏之道也"。冬季是闭藏的时节，"无扰乎阳，早卧晚起，必待日光"，要保证充足的睡眠，冬至时节为了保护精气应尽量早睡晚起。

穿衣薄厚适宜

冬至天气寒冷，日常穿衣要厚薄适宜，注意防寒保暖，选择松软轻便、保暖透气的衣服。出门还要常备棉帽、棉鞋、围巾、手套等，一定要保护好头、颈、手、足这些容易受寒的部位。

运动不能停止

冬至时虽然天气寒冷，但运动不能停。可以在晴天的上午九点至十点、下午三点至四点出来运动，这个时间段户外温度相对较高，体感也较为舒适。冬至要选择动静结合的运动，比如：八段锦、太极拳、散步、慢跑等，运动量以微出汗为宜。

饮食多吃蔬菜

冬至期间饮食应以补阳、补精、补肾为主，适当吃一些黑芝麻、黑豆、黑米、黑枸杞等类食物。日常饮食要多样，不要过多食用辛辣燥热、油腻的食物，本着缺什么补什么的原则，强调谷、肉、果、菜的合理搭配。冬至时节，多吃蔬菜也是一种"补"，适当多吃一些荸荠、藕、梨、萝卜、白菜等具有补益津液作用的蔬菜，可维持阴阳的平衡。怕冷的人群应适当多吃一些胡萝卜、百合、山芋、虾皮、海带等富含无机盐的食物。

冬至要加强对茄子、番茄、辣椒等越冬蔬菜的管理，在大棚内套小拱棚，夜间覆盖薄膜，实行多层覆盖，薄膜上再盖草帘进行保暖。早栽油菜的田间管理讲究精细，应施足基肥，以促冬发稳长。小麦要针对不同苗情实施分类管理，确保其安全越冬，如遇冻害要及时喷施叶面肥。

冬至

DONG ZHI

谚语俗语

冬至有霜年有雪

一年雨水看冬至

冬至无雨一冬晴

冬至有霜，腊月有望

冬至前后，冻破石头

冬至阴天，来年春早

冬至不冷，夏至不热

冬至暖，烤火到小满

冬节丸，一食就过年

冬至天气晴，来年百果生

冬至晴一天，春节雨雪连

冬至一日晴，来年雨均匀

冬至下场雪，夏至水满江

冬至出日头，过年冻死牛

冬至挂虹，一个月雨蒙蒙

冬至天晴日光多，来年定唱太平歌

冬至有雪来年旱，冬至有风冷半冬

冬至晴，新年雨；冬至雨，新年晴

冬至冷，春节暖；冬至暖，春节冷

阴过冬至晴过年

冬至阴天，来年春早

晴冬至，年必雨

冬至西北风，来年干一春

冬至强北风，注意防霜冻

冬至没打霜，夏至干长江

冬至有霜年有雪

冬至毛毛雨，夏至涨大水

冬至南风百日阴

冬至 DONG ZHI 古代诗词

冬至
[宋] 朱淑真

黄钟应律好风催，阴伏阳升淑气回。
葵影便移长至日，梅花先趁小寒开。
八神表日占和岁，六管飞葭动细灰。
已有岸旁迎腊柳，参差又欲领春来。

冬至夜
[唐] 白居易

老去襟怀常濩落，病来须鬓转苍浪。
心灰不及炉中火，鬓雪多于砌下霜。
三峡南宾城最远，一年冬至夜偏长。
今宵始觉房栊冷，坐索寒衣托孟光。

冬至
[宋] 陆游

岁月难禁节物催，天涯回首意悲哀。
十年人向三巴老，一夜阳从九地来。
上马出门愁敛版，还家留客强传杯。
探春漫道江梅早，盘里酥花也斗开。

邯郸冬至夜思家
[唐] 白居易

邯郸驿里逢冬至，抱膝灯前影伴身。
想得家中夜深坐，还应说着远行人。

冬至
[唐] 杜甫

年年至日长为客，忽忽穷愁泥杀人。
江上形容吾独老，天边风俗自相亲。
杖藜雪后临丹壑，鸣玉朝来散紫宸。
心折此时无一寸，路迷何处见三秦。

冬至日遇京使发寄舍弟
[唐] 杜牧

远信初凭双鲤去，他乡正遇一阳生。
尊前岂解愁家国，辇下唯能忆弟兄。
旅馆夜忧姜被冷，幕江寒觉晏裘轻。
竹门风过还惆怅，疑是松窗雪打声。

冬至展墓偶成
[宋] 杜范

至日冲寒扫墓墟，凄然一拜一欷歔。
蓼莪恨与云无际，常棣愁催雪满裾。
误落世尘惊日月，谩牵吏鞅废诗书。
回头更看诸儿侄，门户支撑正要渠。

奉酬中书相公至日圆丘行事……于集贤院叙情见寄之什
[唐] 武元衡

郊庙祗严祀，斋庄觌上玄。
别开金虎观，不离紫微天。
树古长杨接，池清太液连。
仲山方补衮，文举自伤年。
风溢铜壶漏，香凝绮阁烟。
仍闻白雪唱，流咏满鹍弦。

冬至夜寄京师诸弟兼怀崔都水
〔唐〕韦应物

理郡无异政，所忧在素餐。
徒令去京国，羁旅当岁寒。
子月生一气，阳景极南端。
已怀时节感，更抱别离酸。
私燕席云罢，还斋夜方阑。
邃幕沉空宇，孤灯照床单。
应同兹夕念，宁忘故岁欢。
川途恍悠邈，涕下一阑干。

冬至宿杨梅馆
〔唐〕白居易

十一月中长至夜，三千里外远行人。
若为独宿杨梅馆，冷枕单床一病身。

辛酉冬至
〔宋〕陆游

今日日南至，吾门方寂然。
家贫轻过节，身老怯增年。
毕祭皆扶拜，分盘独早眠。
惟应探春梦，已绕镜湖边。

冬至感怀
〔宋〕梅尧臣

衔泣想慈颜，感物哀不平。
自古九泉死，靡随新阳生。
禀命异草木，彼将美勾萌。
人实嗣其世，一衰复一荣。

小寒

霜雪交侵 常有冰冻

梅花 〔宋〕 王安石

墙角数枝梅，凌寒独自开。
遥知不是雪，为有暗香来。

水仙

二十四节气组歌 | 歌词曲谱

小寒时节

高长青

小寒大寒冻成一团，
三九腊八最是清寒，
至寒至极终回暖，
喜鹊筑巢大雁北迁。

小寒大寒准备过年，
自古花信始于小寒，
梅花山茶水中仙，
争奇斗艳傲雪凌寒。

小寒大寒又是一年，
没有不能逾越的冬天，
腊八粥慢慢熬，
不急不躁喝一碗，
熬过了寒冬就是春天。

小寒时节

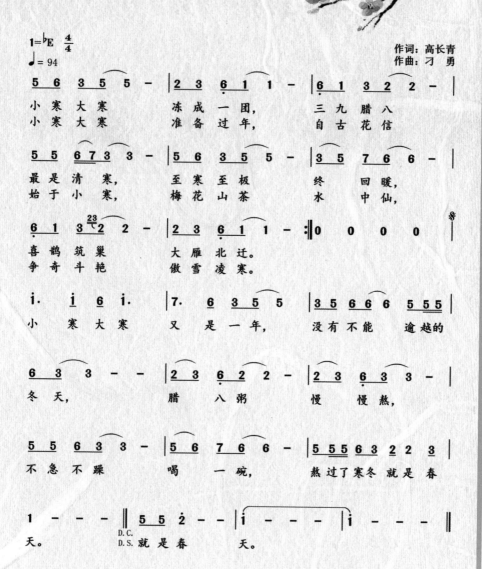

作词：高长青
作曲：刁　勇

1=♭E　4/4

♩ = 94

5 6 3 5 5 — | 2 3 6 1 1 — | 6 1 3 2 2 — |

小寒大寒　冻成一团，三九腊八
小寒大寒　准备过年，自古花信

5 5 6 7 3 3 — | 5 6 3 5 5 — | 3 5 7 6 6 — |

最是清寒，至寒至极　终　回暖，
始于小寒，梅花山茶　水　中仙，

6 1 3 2 2 — | 2 3 6 1 1 — : ‖ 0 0 0 0

喜鹊筑巢　大雁北迁。
争奇斗艳　傲雪凌寒。

1. 1 6 1. | 7. 6 3 5 5 | 3 5 6 6 6 5 5 5 |

小　寒大寒　又　是一年，没有不能　逾越的

6 3 3 — — | 2 3 6 2 2 — | 2 3 6 3 3 — |

冬　天，腊　八粥　慢　慢熬，

5 5 6 3 3 — | 5 6 7 6 6 — | 5 5 5 6 3 2 2 3 |

不急不躁　喝　一碗，熬过了寒冬　就是　春

1 — — — ‖ 5 5 2 — — | 1 — — — | 1 — — — ‖

天。就是春　天。
D. C.
D. S.

小寒 物候特征

XIAO HAN

小寒三候

一候 | 雁北乡

　　古人认为，大雁是依据阴阳变化来迁徙的，小寒节气阳气已动，所以大雁开始向北方迁徙。

二候 | 鹊始巢

　　小寒时节，北方随处可以见到喜鹊开始筑巢。

三候 | 雉雊

　　"雉雊"是野鸡鸣叫的意思。雉感到阳气萌动，开始鸣叫求偶。

小寒花信风

　　一候梅花，二候山茶，三候水仙。

　　小寒，北斗星斗柄指向"癸"，每年公历1月5日至7日，太阳黄经达285°时为小寒。《月令七十二候集解》记载："月初寒尚小，故云，月半则大矣。""小寒大寒，冻成一团"，小寒时节是一年中最为寒冷的时期。太阳直射点还照射在南半球，北半球白天吸收的热量少于夜晚释放的热量，仍旧处在散失的状态，所以北半球的气温持续走低。

　　从小寒到谷雨这8个节气中共有24候，古人从每一候开花的植物中挑选出一种花期最准确、最具代表性的植物，确定为这一候的花信风，便有了"二十四番花信风"的说法。

冰戏　东北地区冰期长，小寒时节，河面结冰坚硬厚实，人们用马、狗等动物拉着爬犁在冰上行走，有的坐在爬犁上手持木竿滑行或被人从后面推行，也有的穿冰鞋在冰面上玩耍嬉戏，称作"冰戏"。《宋史》记载："故事斋宿，幸后苑，作冰戏。"

腊祭　腊祭习俗远在先秦时期就已形成。小寒一般在腊月，古人在农历十二月份都要举行祭祀众神的腊祭，把腊祭所在的月叫作腊月。"腊祭"之意一是表示不忘家族的本源，表达对祖先的敬仰；二是祭祀众神，感谢诸神一年来的保佑；三是人们一年到头终日辛劳，农事渐无，休养生息，好好慰劳一下自己。

腊八粥　农历腊月初八称作"腊八"，一般在小寒、大寒之间。腊八这天，我国多地都有喝腊八粥的习俗。这一习俗源于寺庙。相传佛祖在一次修行途中因饥饿昏倒，被一位牧羊女用野果熬制的糯米粥救活，这一天是农历的十二月初八。佛家感恩，便在这一天熬腊八粥供佛，并将腊八粥施舍给穷苦人。腊八粥的食材多种多样，没有固定配方。北方的腊八粥一般放有黄米、红米、白米、小米、栗子、红豆等，还要加入桃仁、杏仁、花生、松子、红糖、白糖、葡萄干做点缀。南方的腊八粥一般还会加入莲子和桂圆等。

小寒
XIAO HAN
风俗习惯

小寒
XIAO HAN
饮食起居

小寒节气多阴风、冷雨、大雪天气，变化无常，往往消耗人体更多的阳气，所以，小寒养生以护阳为主。

多睡一点

小寒是一年中最寒冷的日子，阳气处在封藏的状态，人也要顺应自然规律，尽量不要扰动阳气，要早睡晚起。此时日短夜长，人容易阳气不足而生病，所以，每天多睡一会儿，有益人体健康。

出行保暖

小雪时节外出要注意保暖，特别是平时手脚冰冷的人，出门时身上要穿得暖和，还要戴好手套、帽子，穿上棉鞋，围上围巾，做好周身的保暖御寒。

适当吃苦

《四时调摄笺》中强调："冬月肾水味咸，恐水克火，故宜养心。"大意是如果咸味吃多了，会使本来就偏亢的肾水更亢，从而减弱心阳。所以，小寒节气应少吃咸味，适当多吃苦味，有助于增强心阳，抵御过亢的肾水。

注意三忌

一要忌心火。心火过旺主要表现为心烦、口舌易糜烂生疮、舌尖红等，为避免心火过旺，特别是老人和儿童，要保持良好的心态，多吃蔬菜水果，少吃辛辣食物。

二要忌急躁。人急躁易怒容易致肝火上升，出现头痛目眩、耳鸣、面红等症状。要尽量避免情绪过大的波动、急躁、发火，注意休息。

三要忌大汗。冬藏过汗会致阳气外泄，所以锻炼时做到微微出汗就好，日常生活中学会做事"慢半拍"，以防扰动阳气。

小寒
XIAO HAN
农时农事

"小寒胜大寒"，小寒节气一般气温最低，因此要重视农事。加强大棚蔬菜育苗期的管理，及时清扫积雪，做好保温防寒工作。越冬油菜可适当喷施叶面肥以防寒抗冻，增强对低温的抗性并促进花芽分化，利于来年提高结实率。冬小麦生长缓慢，可喷施磷酸二氢钾，促进其分蘖形成大穗。

小寒

谚语俗语

小寒大寒，冷成一团

小寒大寒，冷成冰团

小寒大寒寒得透，来年春天天暖和

小寒不寒，清明泥潭

小寒节，十五天，七八天处三九天

小寒寒，惊蛰暖

腊月三白，适宜麦菜

薯菜窖，牲口棚，堵封严密来防冻

腊七腊八，冻裂脚丫

三九不封河，来年雹子多

数九寒天鸡下蛋，鸡舍保温是关键

天寒人不寒，改变冬闲旧习惯

九里的雪，硬似铁

腊月三场雾，河底踏成路

小寒胜大寒，常见不稀罕

小寒无雨，小暑必旱

小寒大寒，滴水成冰

小寒不寒寒大寒

小寒暖，立春雪

小寒蒙蒙雨，惊蛰冻死秧

小寒天气热，大寒冷莫说

小寒暖，倒春寒

小寒雨蒙蒙，来年倒春寒

小寒时处二三九，天寒地冻北风吼

小寒大寒不下雪，小暑大暑田开裂

三九四九冰上走

小寒
XIAO HAN
古代诗词

蜡梅香
〔宋〕喻陟

晓日初长，正锦里轻阴，小寒天气。
未报春消息，早瘦梅先发，浅苞纤蕊。
揾玉匀香，天赋与、风流标致。
问陇头人，音容万里。
待凭谁寄。
一样晓妆新，倚朱楼凝盼，素英如坠。
映月临风处，度几声羌管，愁生乡思。
电转光阴，须信道、飘零容易。
且频欢赏，柔芳正好，满簪同醉。

咏廿四气诗·小寒十二月节
〔唐〕元稹

小寒连大吕，欢鹊垒新巢。
拾食寻河曲，衔紫绕树梢。
霜鹰近北首，雊雉隐丛茅。
莫怪严凝切，春冬正月交。

早发竹下
〔宋〕范成大

结束晨装破小寒，跨鞍聊得散疲顽。
行冲薄薄轻轻雾，看放重重叠叠山。
碧穗吹烟当树直，绿纹溪水趁桥弯。
清禽百啭似迎客，正在有情无思间。

驻舆遣人寻访后山陈德方家
〔宋〕黄庭坚

江雨蒙蒙作小寒，雪飘五老发毛斑。
城中咫尺云横栈，独立前山望后山。

小寒
〔元〕张昱

花外东风作小寒，轻红淡白满阑干。
春光不与人怜惜，留得清明伴牡丹。

送季平道中四绝
〔宋〕郑刚中

霜风落叶小寒天，去客依依马不鞭。
我最平生苦离别，可能相送不凄然。

寒夜
〔宋〕杜耒

寒夜客来茶当酒，竹炉汤沸火初红。
寻常一样窗前月，才有梅花便不同。

千秋岁·寿王推官母九十一是日小寒节
〔南宋〕朱晞颜

嫩冰池沼。泽国寒初峭。
梅乍坼，春才早。
朱门歌管蠹，绣阁沉烟袅。
欢宴处，神仙一夜离蓬岛。
九十过头了。百岁看看到。
须听取，千年调。
人夸媄母妍，我觉彭钱少。
强健在，看儿历遍中书考。

烛影摇红

[宋] 张榘

春小寒轻，南枝一夜阳和转。

东君先递玉麟香，冷蕊幽芳满。

应把朱帘暮卷。

更何须、金猊烟暖。

千山月淡，万里尘清，酒樽经卷。

楼上胡床，笑谈声里机谋远。

甲兵百万出胸中，谁谓江流浅。

憔悴狂胡计短。

定相将、来朝悔晚。

功名做了，金鼎和羹，卷藏袍雁。

浣溪沙 · 燕外青楼已禁烟

[宋] 舒亶

燕外青楼已禁烟。小寒犹自薄胜绵。

画桥红日下秋千。惟有樽前芳意在，

应须沈醉倒花前。绿窗还是五更天。

望梅 · 小寒时节

[宋] 柳永

小寒时节，正同云暮惨，劲风朝冽。

信早梅、偏占阳和，向日处，凌晨数枝争先。

时有香来，望明艳、遥知非雪。

想玲珑嫩蕊，弄粉素英，旖旎清绝。

仙姿更谁并列。

有幽香映水，疏影笼月。

且大家、留倚阑干，对绿醑飞觥，锦笺吟阅。

桃李繁华，奈彼此、芬芳俱别。

等和羹待用，休把翠条漫折。

大寒

寒气逆极 上形于小

北风行 〔唐〕李白

烛龙栖寒门，光曜犹旦开。
日月照之何不及此？惟有北风号怒天上来。
燕山雪花大如席，片片吹落轩辕台。
幽州思妇十二月，停歌罢笑双蛾摧。
倚门望行人，念君长城苦寒良可哀。
别时提剑救边去，遗此虎文金鞞靫。
中有一双白羽箭，蜘蛛结网生尘埃。
箭空在，人今战死不复回。
不忍见此物，焚之已成灰。
黄河捧土尚可塞，北风雨雪恨难裁。

海桐花

二十四節氣組歌 | 歌词曲谱

大寒时节　高长青

所有的期盼在心里积攒积攒，
让那思念的情绪铺垫铺垫，
寒冬腊月万家团圆，
总有一盏灯为你点燃。

所有的心愿在嘴边默念默念，
把那熟悉的名字呼唤呼唤，
大寒迎年山高水远，
总有一扇门等你出现。

大寒到，冬将尽，春不远，
一起穿越严寒拥抱温暖，
时节轮回转眼一年，
我们都会在春天里相见。

大寒时节

1=F 4/4

♩=69 无限期盼

作词：高长青
作曲：刁 勇

| 6 6 6 6 5 3 3. 3 | 7 6 6 5 5 3. | 6. 6 6 6 3 2 3 2. |

所有的 期盼 在 心里积攒积攒， 让那思念的情 绪
所有的 心愿 在 嘴边默念默念， 把那熟悉的名 字

| 1 1 2 3 3 - | 2. 2 1 6 1 2. | 5 5 5 6 5 3 - |

铺垫铺垫， 寒冬腊 月 万家团 圆，
呼唤呼唤， 大寒迎 年 山高水 远，

| 2. 2 2 6 3 2. | 2 2 5 6 6 - ‖: 3 5 6 6 i 7 6 6 |

总有一盏灯 为你点燃。 大寒 到，冬将 尽，
总有一扇门 等你出现。

| 3 7 6 7 3̃5 - | 3 6 6 3 2 3 2 | 5 5 6 7 3 - |

春 不 远， 一起穿越严寒 拥抱温 暖，

| 3 5 6 i 7 6 6 | 3 7 5 6 - | 2. 3 2 6 6 2 3 2 2 2 5 |

时 节轮 回 转眼 一 年， 我们都会在春 天里 相

| 6 - - - ‖ 2. 3 2 6 6 2 3 2 2 2 | 0 0 5 6 |

见。
D.C.
D.S.我 们都会在春 天里 相

渐隐

| 6 - - - | 6 - - - | 6 - - 0 ‖

见。

大寒
D A H A N
物候特征

大寒三候

一候 | 鸡乳育也

大寒过后，渐渐变暖，母鸡开始孵育小鸡。

二候 | 征鸟厉疾

地寒天高，鹰隼凶猛、快速地在高空捕食，以补充能量，抵御寒冷。

三候 | 水泽腹坚

大寒时节，湖面结冰，湖水中央冰层坚厚。

大寒花信风

一候瑞香，二候兰花，三候山矾。

大寒，北斗星斗柄指向"丑"，每年公历1月20日至21日，太阳黄经达300°时为大寒。大寒是二十四节气的最后一个节气。《月令七十二候集解》记载："大寒，十二月中。"《授时通考·天时》记载："大寒为中者，上形于小寒，故谓之大……寒气之逆极，故谓大寒。"

大寒时节，寒潮频繁南下，北方大雪覆盖，呈现出冰天雪地、天寒地冻的严寒景象。《农政全书》中记述："十二月谓之大禁月。忽有一日稍暖，即是大寒之候。大寒须守火，无事不出门。"大寒节气冷是常态，稍一回暖，反而是大冷来临的前兆。

大寒在岁末，冬去春来，四季轮回，大寒一过，又是一年。寒冬有尽头，人间纷纷事也终有尽头。大寒已至，春天就在眼前，我们告别冬天，高高兴兴迎接新的一年。

大寒迎年

"大寒迎年"，大寒一到年味渐浓。大寒到农历新年期间，民间风俗众多，有"食糯""纵饮""做牙""扫尘""糊窗""腊味""赶婚""趁墟""洗浴""贴年红"等。人们开始赶年集、买年货、写春联，准备各种祭祀用品和年货，家家欢天喜地，户户喜迎新年。

尾牙祭

"尾牙祭"也叫"做牙祭"，原是祭祀土地公公的仪式，俗称"打牙祭"。传统的做牙有"头牙"和"尾牙"之分，头牙在农历的二月初二，尾牙在腊月十六。做尾牙这天，一家人坐在一起"食尾牙"。古时候，买卖人在尾牙这天要设宴款待自己的员工，白斩鸡是宴席上必不可少的一道菜，据说鸡头冲谁，就表示老板年后要解雇谁，所以多数老板把鸡头朝向自己，好让员工们放心享用美食，回家过个安稳年。现代企业流行的一年一度的年会便是尾牙祭遗留的习俗。

吃「消寒糕」

大寒吃"消寒糕"是老北京的习俗。大寒这天，一家人围坐在一起分吃年糕，既有吉祥的意味，也能驱散寒意。"消寒糕"用糯米粉蒸制而成，糯米含糖量比大米高，趁热食用后全身暖和，并且有温散风寒、润肺健脾胃的功效，选择在"大寒"吃年糕，含有"年高"的寓意，带有年年平安、步步升高的好彩头。

大寒
DA HAN
风俗习惯

大寒
DA HAN
饮食起居

大寒，"寒"到极点，阴气渐渐衰落，阳气已经萌生，不过此时，人体的五脏六腑仍处在寒凉状态，所以，大寒养生既要滋阴，又需养阳。

藏阳气

《素问·四气调神大论》中记述："冬三月，此谓闭藏……早卧晚起，必待日光。"早点睡能够养人体的阳气，晚点起能够养人体的阴气，使人体阴阳维持平衡，保证充足的睡眠，有利于潜藏阳气、积蓄阴精。

防寒气

大寒天寒地冻，人体内的血液流动放缓，寒气就容易停滞，因此冬天是脑血栓、心梗等心脑血管疾病的多发季节。"头为诸阳之汇，而寒从脚下起"，头和脚这两个部位做好了保暖，全身才能暖和，少得疾病。

停补品

　　大寒饮食以防寒补肾为主，可适当多吃枣、黑豆、核桃、黑芝麻、桂圆、木耳、银耳等，但是千万不要大补特补，特别是阳气偏盛、易便秘和上火的人群，此时更不能刻意进补，而应以清淡饮食为主。

护阴津

　　大寒节气处于一年中最干燥的时期，随着水气减少，人体内的津液也会不足，冬季室内使用暖气和空调会加剧干燥。所以，身体补水尤为关键。白天应尽量多饮水，每天入睡前和起床后，最好都能喝一杯温水。

善运动

　　大寒期间运动要根据自身情况，可选择散步、慢跑、打太极拳等运动方式。运动前要充分热身，锻炼时间最好安排在下午比较暖和的时段。运动要适量，千万不要大汗淋漓，以免阳气外泄。

大寒
DA HAN
农时农事

　　大寒时节是江淮地区小麦、油菜等大田作物的越冬期，如果小麦长势过旺，可在晴暖天气采取深耘断根或镇压控制等措施；油菜、蚕豆等作物可松土培根，中耕除草，增温防冻；中小拱棚种植甘蓝、番茄，定植前5到7天左右扣棚升温，选择在晴天的上午定植，加盖草苫保温，促进缓苗。基肥不足的大棚大寒过后，可追施有机肥，翻土并及时浇水，提高后期产量。

大寒

A N

谚语俗语

大寒不寒，春风不暖
大寒不寒，人马不安
大寒小寒，无风自寒
大寒到顶点，日后天渐暖
小寒大寒，杀猪过年
过了大寒，又是一年
南风打大寒，雪打清明秧
大寒一夜星，谷米贵如金
大寒见三白，农人衣食足
大寒大日头，开春冻死牛
大寒不见雪，苞谷结半截
大寒雨雪来，三月百花开
大寒雪九日，清明雨三天
大寒雪三尺，寒到雨水日
大寒雪纷纷，打狗不出门
牛老怕惊蛰，人老怕大寒
小寒大寒，全年最寒
大寒不刮风，来年一场空
大寒无雨又无雪，暖到来年元宵节
四九飞雪迎大寒，天寒地冻到过年
雪下大寒头，春节日头丢
大寒天气暖，暖到二月满
大寒大寒，防风御寒
南风打大寒，雪打清明秧
大寒东风不下雨
大寒牛眠湿，冷到明年三月三
小寒不如大寒寒，大寒之后天渐暖
五九六九，沿河看柳

大寒
DA HAN
古代诗词

永乐沽酒
［元］方回

大寒岂可无杯酒，欲致多多恨未能。
楮币破悭捐一券，瓦壶绝少约三升。
村沽太薄全如水，冻面微温尚带冰。
爨仆篙工莫相讶，向来曾有肉如陵。

回次妫川大寒
［宋］郑獬

地风如狂兕，来自黑山旁。
坤维欲倾动，冷日青无光。
飞沙击我面，积雪沾我裳。
岂无玉壶酒，饮之冰满肠。
鸟兽不留迹，我行安可当。
云中本汉土，几年非我疆。
元气遂隳裂，老阴独盛强。
东日拂沧海，此地埋寒霜。
况在穷腊后，堕指乃为常。
安得天子泽，浩荡渐穷荒。
扫去妖氛俗，沐以楚兰汤。
东风十万家，画楼春日长。
草踏锦靴缘，花入罗衣香。
行人卷双袖，长歌归故乡。

岁寒知松柏
［宋］黄庭坚

松柏天生独，青青贯四时。
心藏后凋节，岁有大寒知。
惨淡冰霜晚，轮囷涧壑姿。
或容蝼蚁穴，未见斧斤迟。
摇落千秋静，婆娑万籁悲。
郑公扶贞观，已不见封彝。

游慈云
［宋］陈著

老怀不与世情更，才说闲行兴翼然。
微湿易干沙软路，大寒却暖雪晴天。
未曾到寺香先妙，底用寻梅山自妍。
笑问松边人立石，汝知今日是何年。

元沙院
［宋］曾巩

升山南下一峰高，上尽层轩未厌劳。
际海烟云常惨淡，大寒松竹更萧骚。
经台日永销香篆，谈席风生落麈毛。
我亦有心从自得，琉璃瓶水照秋毫。

大寒出江陵西门
［宋］陆游

平明羸马出西门，淡日寒云久吐吞。
醉面冲风惊易醒，重裘藏手取微温。
纷纷狐兔投深莽，点点牛羊散远村。
不为山川多感慨，岁穷游子自消魂。

苦寒吟

〔唐〕孟郊

天寒色青苍，北风叫枯桑。

厚冰无裂文，短日有冷光。

敲石不得火，壮阴夺正阳。

调苦竟何言，冻吟成此章。

咏廿四气诗·大寒十二月中

〔唐〕元稹

腊酒自盈樽，金炉兽炭温。

大寒宜近火，无事莫开门。

冬与春交替，星周月诘存。

明朝换新律，梅柳待阳春。

大寒吟

〔宋〕邵雍

旧雪未及消，新雪又拥户。

阶前冻银床，檐头冰钟乳。

清日无光辉，烈风正号怒。

人口各有舌，言语不能吐。

别董大二首

〔唐〕高适

千里黄云白日曛，北风吹雁雪纷纷。

莫愁前路无知己，天下谁人不识君。

六翮飘飖私自怜，一离京洛十余年。

丈夫贫贱应未足，今日相逢无酒钱。

冬行买酒炭自随

〔宋〕曾丰

大寒已过腊来时，万物那逃出入机。

木叶随风无顾藉，溪流落石有依归。

炎官后殿排霜气，玉友前驱挫雪威。

寄与来鸿不须怨，离乡作客未为非。

寻觅二十四节气的旋律

"春雨惊春清谷天，夏满芒夏暑相连。秋处露秋寒霜降，冬雪雪冬小大寒。"在儿时的记忆里，几乎每年的春夏秋冬，都会听父辈们讲起这首歌谣，一起提及的是庄稼什么时候播种、什么时候收获。人们依此确立农时，安排农事，于是我幼时便对二十四节气产生了极大的兴趣。

二十四节气是我国上古农耕文明的产物，早在先秦时期便已见雏形。到西汉时期，节气的数目、称谓、次序基本定型。随着流传和发展，逐步与农耕生产、地理气候等联系在一起，不仅在农业生产方面起着指导作用，同时又影响着人们的衣食住行，甚至对人们的文化观念也产生了极大的影响。难以想象，几千年前，我们的祖先便以天文审度气象，以物候界定气候，按照物候的变迁，齐家治国，存养行止。观察自然万物，于大千世界找寻规律，避害趋利。不得不叹服古人的智慧和探索求真的精神。

今年春天，在一次与高长青先生聊歌曲创作方向、创作主题时，他提到了二十四节气。这也一下子唤起我记忆中父辈们对二十四节气类似于神话般的推崇和自己对古人智慧的膜拜。千百年来，二十四节气早已深入人心，扎根于华夏文明。描述和记载二十四节气的载体极为广泛，诗词歌赋层出不穷。而今，用歌曲的形式把二十四节气表现出来，算是一个具有创新性和挑战性的课题。当高先生把二十四节气组歌的歌词发给我时，我细细读来，一幅幅鲜活的场景浮现眼前，字里行间蕴含着万物生灵、山水田园、人情冷暖、时节变换……

看得出，创作二十四节气组歌歌词，高先生没少下功夫。其间收集、查阅、整理了大量关于二十四节气的素材。在歌词写作的段落设计、韵辙、用词上非常用心，富有鲜明的个人特点。既吸收了古诗词的汉字韵辙之美，又符合现代人的理解与阅读习惯，每一首都极为雅致。特别是在用歌词描写每个节气的同时，巧妙地将四季更迭与人生感悟融会贯通，读来令人深思，有所启示。

万事知易行难。寻觅二十四节气旋律的道路坎坷、充满挑战，因为音乐本身是抽象的，用来表现具象且内涵丰富的二十四节气，其难度可想而知。毕竟人人心中都有自己对二十四节气的认知，对音乐的感知也不尽相同。但是，以这样的方式参与传统文化的学习、传承，并将其发扬光大，又是一件非常有意义、有价值的事情。对此，我心怀对古人先贤的敬意，从博大精深的节气文化中汲取营养、寻找路径，结合自己对音乐知识的学习与理解，以二十四节气发源地黄河流域的文化脉络为主线，立足歌词的主旨立意，融合自然、人文、民族、民风特征，寻找植根于华夏文明的主旋律，结合时代特征，力争写出特点、写出特色。怎奈，碍于才疏学浅，只能尽力而为。若有不妥之处，衷心希望专家学者及读者听众多多批评指正。

　　中国优秀传统文化的复兴是中华民族伟大复兴的重要基础，中华文明之所以生生不息、源远流长，是因为有"百花齐放，百家争鸣"的胸襟，一代又一代的赓续传承和守正创新。这次的寻觅之旅，就算是为坚定文化自信、弘扬传统文化，尽的一点绵薄之力吧！

二〇二三年十二月

刁　勇

　　（刁勇，一九七九年五月生，山东高密人，中共党员，中国音乐著作权协会会员，中国音乐文学学会会员，中国音协流行音乐学会会员，山东省音乐家协会会员，山东省民间文艺家协会会员，潍坊市音乐家协会理事、音乐理论与创作专业委员会秘书长，奎文区音乐家协会主席。他的作品曾获 2022 年北京冬季奥林匹克运动会、冬季残疾人奥林匹克运动会第二届优秀音乐作品奖，中国残疾人事业与腾讯音乐助力冬季残疾人奥林匹克运动会残健融合十佳主题歌曲，空军飞行战歌征集活动优秀奖，火箭军砺剑战歌征集入围歌曲，第四届风筝都文化奖等。此外，他的多首作品入选山东省乡村题材小型文艺作品项目集，在学习强国，中国中央电视台唱响新时代、中国节拍等平台与媒体播出。）

描摹盛放的时节

　　屈指算来，与高长青先生结识已有六年。想当年，我们是通过我的同事加老乡的引荐而相识的，通过开展自然教育而结缘，我曾受邀到高先生所在的青州市的几所学校和弥河国家湿地公园授课，高先生也曾带队到植物研究所和北京南海子麋鹿苑参观学习，几经往来，高先生留给我最深的印象是有情怀、重情义，具有我们山东人的典型特质。后来，高先生工作调动，我们的直接联系便少了些，不过，微信是个联络情感的好纽带，平时大家各自奔忙，闲时在朋友圈分享一些个人的动态，亲人、朋友之间似乎离得没有那么遥远了。近几年，看到高先生创作歌词，并且小有成就，我心里感到十分欣喜，同时，也为他的执着和勤奋深感敬佩。

　　今年清明假期，高长青先生跟我联系，说正在着手写《二十四节气组歌》，并打算编写一部书，当他得知我也在研究此方面的内容时，希望能够交流一下。当时，我非常吃惊，也非常高兴。吃惊的是，我正在筹划《二十四节气自然笔记》，竟然不期与高先生的《二十四节气组歌》相遇，实在是个大缘分；高兴的是，流传千年的二十四节气能够以一组歌曲的形式呈现，把我国先民长期观察、积累总结形成的时间知识体系，以这种崭新的方式传播弘扬下去，实在是一大幸事。

　　近些年，随着国学与博物学的复兴，以及自然教育和劳动教育在我国的发展，汲取二十四节气等中国传统文化的营养，多样化的创新形式，在不同的领域得以推广和应用，可谓日益广泛。如本人2021年开始研究、规划与设计，如何将节气在大自然中的不同反馈、四季流转、景物迥然的自然变化与物候规律，融入科普教育、劳动教育、自然教育、农耕文化教育和生态道德教育之中，最终形成以一年四季、二十四节气和传统节日为主线的一套完整的自然笔记体系。

　　六月底，高长青先生把《我们的二十四节气》一书的初稿发给了我。在翻阅的过程中，我感觉书稿内容条理清晰、丰富多彩，形式新颖、雅俗共赏，兼具实用性和艺术性，一直有种一睹为快的冲动吸引着我。到了八月份，高先生比较含蓄地提出，希望我能绘制一套二十四节气花卉图谱，作为书稿的插图。虽然手头正有比较赶的任务，不过我还是爽快地答应了下来，希望能给这部精彩的书稿尽一点绵薄之力。

我从正在编写的《二十四节气自然笔记》中，根据二十四节气的七十二候确定好的七十二种植物，选择出代表性较强的二十四种，挤出时间专心绘制，十月初郑重交付高先生。这二十四种植物以我国北方植物为主，具体名录为：立春的迎春、雨水的桃花、惊蛰的玉兰、春分的海棠、清明的紫藤、谷雨的牡丹花、立夏的芍药、小满的月季、芒种的萱草、夏至的百合、小暑的凌霄、大暑的荷花、立秋的牵牛、处暑的桔梗、白露的秋海棠、秋分的葵花、寒露的夹竹桃、霜降的曼陀罗、立冬的木芙蓉、小雪的芭蕉、大雪的仙人掌、冬至的瑞香、小寒的水仙、大寒的海桐花。

中国的上古先贤们通过对太阳、月亮、天气、物候的长期观察，首先总结确立了仲春、仲夏、仲秋和仲冬等四个节气，又历经了一代又一代的经验积累、修正完善，直到秦汉年间，才完全确立了二十四节气的名目，逐步形成了用来指导生活和从事农事的这套"自然历法"。这既是中国古代文明的成果，更是中华民族智慧的结晶，对我国农业文化、自然认知和博物学的传承发展，具有很高的研究和应用价值。愿高长青先生创作的《二十四节气组歌》及其编写的《我们的二十四节气》一书，能够给予我们年复一年的繁杂生活和辛苦劳作些许慰藉，能够成为弘扬和传播中国优秀传统文化的创新范例，能够丰富和促进国学文化的多元化发展，能够引导和鼓励人们走进自然、认知自然、尊重自然、顺应自然、保护自然，为建设人与自然和谐共生的现代化做出积极贡献。让天更蓝、山更绿、水更清，环境更优美，我们的生活更加幸福、更加美好！

二〇二二年十月

孙英宝

（中国科学院植物研究所植物科学绘画师）

跋

　　时光流转，春花秋月。中国人心目中的时空观，历来是鲜活而具象的，绝非一年四季排成十二个月那么简单，"二十四节气——中国人通过观察太阳周年运动而形成的时间知识体系及其实践"列入联合国教科文组织人类非物质文化遗产代表作名录便是最好的例证。这二十四节气的如歌岁月，多与燕来雁往，莺归鹰去的物候现象相关联，每个节气里又都分出三候，尤其是"花信风"一类的记述，无不透出农耕年代人们骨子里的浪漫，这是古人留给我们这些炎黄子孙珍贵的文化遗产，虽然时光流逝，仍然荡气回肠。尽管也有时过境迁，尽管也有南北差异，但无可否认，鲁人高长青编写的《我们的二十四节气》乃一部守正创新、发扬传播中国传统文化的佳作、力作。

　　本书按照二十四节气的先后顺序分部，各部包含每个节气的物候特征、三候、花信风、风俗习惯、饮食起居、农时农事、谚语俗语、古代诗词等，引经据典，不厌其详，雅俗共赏。特别是每个节气都有作者亲笔创作的歌词和作曲家创作的曲谱，并配有书法、绘图、照片，图文并茂、可读可赏、可吟可唱、有声有色。这部书可以说既传统，又现代；既浪漫，又实用；既娱情，又养性。它不愧为一本博采众长的民俗书、康养书、人文书，一部精致精美的书画集、影像集、词曲集。

二〇二二年十月

郭耕

（北京生物多样性保护研究中心研究员）

写在后面

我写歌词，是从五十岁开始的。2019年4月，因工作调动，有幸与令人尊敬的军队离退休干部们朝夕相处。为了丰富大家的文化生活，我们成立了青州市军休所"老战士艺术团"。组织学唱歌曲时，发现写退役军人题材的歌曲很少，便萌生了自己写一首的冲动。第一个作品是《我还是一个兵》，"老战士"们演唱后，都说写的是他们的心里话，很有感触。更没想到的是，老战士艺术团把这首歌唱到了2020年青州市电视台的"春晚"。自此，便开启了我的歌词创作之路。假使再向前追溯我文学创作的开端，应是在二十岁前，青春年少之时，写作现代诗歌和散文，作品散见报端。之后，因工作繁忙，加上自身懒惰，算起来搁笔已经近三十载了。好在我其间一直保持了阅读的习惯，从未懈怠，才能够重拾写作。在两三年的时间里，我创作军旅题材歌词二十余首，其他题材也有五十余首，并陆续有作品在《词刊》杂志刊发，在国家级歌曲征集活动中入选或获奖。能够取得这些点滴成绩，我着实应该感谢这个时代，感谢朝夕相处的"老战士"们传递的乐观与激情，感谢领导、同事和朋友们的指点、鼓励和鞭策。

这么多年来，我从来没有像现在这样关注时节的转换，专注于自然的变化；从来没有如此细致入微地观察这个世界，安静舒缓地品味时光的流淌；与风对话、和雨相拥，畅快秋意、踏雪独行；看月圆月缺、燕归雁来，听鸟语虫吟、蛙鼓蝉鸣。有期待、有收获、有喜悦；有错过、有失落、有遗憾。也许这就是岁月、这就是人生。

能够顺利完成这本《我们的二十四节气》的编撰，要感谢家人的理解和支持，感谢诸位合作者的信任和付出，感谢为收集资料提供参考的图书、网站、平台。承蒙我的同事、山东省摄影家协会会员王国良先生提供摄影图片，中国书法家协会会员、中国美术家协会会员、书画家刘葆君先生题赠墨宝，中国科学院植物研究所植物科学绘画师、自然教育专家孙英宝先生绘制花卉插图，山东省音乐家协会常务副主席武洪昌先生作序，北京生物多样性保护研究中心研究员、科普专家郭耕先生题跋……诸位师友能够在百忙之中接受我的请求，不辞辛劳，不吝金玉，为本书增色添彩，令我感激万分。

本书《二十四节气组歌》中的二十五首原创歌曲均由作曲家习勇先生谱曲。歌曲最终能够以"扫码听歌"的方式呈现，要感谢编曲、录制人员的精心制作，感谢每一位演唱者的倾情演绎，特别感谢潍坊市音乐家协会主席王祥金先生，以及知名音乐人陈煜先生、樊锦先生的鼎力支持。

本书得以顺利出版发行，要感谢旅日学者张万文先生的精心运筹，感谢中国经济出版社领导的首肯和编辑老师的辛劳。

最后，还要真诚地说，由于本人才疏学浅、能力所限，书中内容难免出现谬误、疏漏，还望敬爱的读者多多包涵和指教，希望将来有机会予以补正。"风俗习惯""谚语俗语""饮食起居"等部分内容，因流传地域不同、年代久远、气候环境变化无常，难免存在差异或者争议，仅供亲爱的读者参考。

二十四节气，它赓续千年，影响深远，春花秋月，夏风冬雪，四季如歌。它流传千载，愈加鲜活，从不古旧，魅力依然。它融入中国人的生活，流淌在中国人的血液中，安静从容，道尽寒来暑往，四季更迭；它铭刻于中国人的内心，内化为中华民族的文化基因，生生不息，代代相传。

日升月沉，四时不息，年年如是，周而复始。泡一壶茶，燃一炷香，手捧一卷《我们的二十四节气》，怀着一颗敬畏之心，敬畏时间、敬畏生命、敬畏自然，去吟诵、静听，去观察、感知，去品味、思索，去欣赏、分享；漫步在时光的河流里，看花开花谢，伴雨雪风霜，感冷暖人间，一岁枯荣，一个轮回，朝朝暮暮，岁岁年年。

听着一首首歌谣，好像是在用耳朵触摸时光、感知时节。《二十四节气组歌》陪您走过二十四个节气，走完四季，季节更迭，预示着又一轮新的开始、新的希望。

时节流转，唯愿君安。

二〇二三年十二月

高长青

我们的二十四节气

刘孝君 题